序言

怎样将与孩子 "餐桌上的斗争" 变为快乐的均衡饮食

在现实生活中，大多数的妈妈都认为自己的孩子存在偏食现象，有的孩子不爱吃蔬菜，少数孩子不爱吃水果，有的孩子特别爱吃面条，甚至顿顿饭要吃面条，有的只吃海鲜，而不吃其他肉类。多数妈妈都会有这样的感受：孩子每次吃饭，都会上演一场 "餐桌上的斗争"。

国外科学家们找到了一个新的解释孩子挑食的原因：母乳喂养的孩子不挑食。据英国每日邮报报道，一项发表在《科学公共图书馆》杂志的研究指出，儿童生命早期的一些关键时刻决定了他们在成长过程中是否更愿意 "冒险尝鲜"。研究人员以 53 个新生儿为对象，从出生开始就进行持续的跟踪观察。妈妈们被要求在孩子开始断奶 10 天左右给他们喂食一些蔬菜。其中，有些妈妈只给孩子吃一种菜——胡萝卜泥，其他的妈妈则给孩子喂了多种蔬菜，包括胡萝卜、洋蓟、青豆和南瓜泥。

结果发现：

1. 在 6 岁之前，那些母乳喂养的孩子比配方奶粉喂养的孩子更愿意尝试陌生的食物，并更易喜欢上这些食物，从而吃下更多的蔬菜。2. 断奶期给孩子喂食多种蔬菜，可以让他们在以后的生活中更爱吃这些蔬菜。3. 如果处于断奶期的宝宝最初不喜欢某个食物，也别着急，可以让这个食物在后面的八餐中多次反复出现，这样更能成功让宝宝在六岁前爱上它。4. 母乳喂养 + 断奶期混合蔬菜的孩子饮食最为多样化，也最渴望 "尝鲜"；而奶粉喂养 + 断奶期单一蔬菜的孩子往往最挑食。

此项研究的负责人、法国第戎嗅味觉与食品科学研究中心主任 BenoistSchaal 博士表示："让婴儿从很小的时候就开始接触蔬菜、水果这些健康食物，会对将来的饮食习惯产生长久的影响。"

进入 1 岁以后，孩子的饮食逐步向成人化过渡，营养素主要来源于食物，而不再是母乳或其他代乳品了。幼儿期是儿童饮食习惯养成的重要阶段，正确的饮食习惯以及对食物的态度能保证生长阶段健康的生长发育，并有助于成年以后拥有健康的饮食习惯。

本书通过对儿童饮食要点、儿童饮食宜忌、上桌率最高的儿童菜、儿童不同年龄段的营养食谱、儿童成长功能食谱等内容的详细介绍，旨在有效解决儿童挑食偏食的问题，帮助家长学会怎样将与孩子"餐桌上的斗争"变为快乐的均衡饮食。

本书编者力图告诉广大读者，如果你的孩子出现了偏食挑食行为，应当采取科学的方法及早予以矫正，从而建立良好的饮食习惯。以下几种方法可供参考：

1. 注意搭配食物的色、香、味要适合孩子的口味，能够刺激孩子的食欲。孩子一般喜欢味道柔和、煮得不是特别烂、松脆、颜色鲜艳而容易吃的食物。2. 纠正孩子偏食，也应在食物烹制上注意改进。多采用煮、蒸、熬、炖、氽等烹饪方法，使食物软烂易咀嚼，让孩子易于接受，可适量加入糖及调味品。3. 及时添加新的辅食种类，逐渐克服孩子对新食物的恐惧。可把孩子不喜欢和喜欢的食物掺在一起，最好分成若干小份。开始时，以孩子喜欢的东西为主，慢慢再把他不喜欢的食物加量，使他适应。4. 控制好吃饭时间，保证在 30 分钟以下。因为孩子的注意力是有限的，过了这个时间即使吃不完也要拿走，否则他很容易分散注意力，不好好吃饭。

总之，吃什么食物是一种习惯，习惯养成就不会挑食、偏食。

目录

PART 1 营养可口，儿童菜面面观

PART 2　婴儿（0~1岁）的营养辅食

PART 3　幼儿（1~3岁）的营养菜

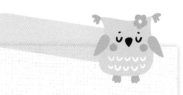

PART 4　学龄前儿童（3~6岁）的营养菜

PART 5　启蒙期儿童（7~12岁）的营养菜

186　7 ~ 12 岁启蒙期儿童的膳食安排

186　启蒙期儿童的营养和膳食特点

186　启蒙期儿童膳食安排的注意事项

187　启蒙期儿童每日食物推荐

营养可口，儿童菜面面观

儿童是一个特殊的群体，其特殊性表现在他们正处于身体、大脑快速发育期。因此，充足、合理的营养对他们显得尤为重要。本章将针对儿童在发育阶段的营养需求情况，向大家介绍如何挑选食材来做出营养全面的儿童菜。然后向大家介绍了儿童在日常饮食中常见的不良习惯以及在不同季节的饮食要点，供各位父母学习和借鉴。

选对食材，做营养全面的儿童菜

1. 谷类食物要常吃

　　谷类食物是人体能量的主要来源，也是我国传统膳食的主体，可为儿童提供碳水化合物、蛋白质、膳食纤维和 B 族维生素等。

　　儿童的健康成长和发育需要摄入均衡全面的营养。每一种食材的营养价值各有不同，因此，选对食材再加以合理搭配才能做出适合儿童营养需求的菜肴。在儿童的日常膳食中应该保证一定量的全谷类食物。食用多种全谷类食物，比如，大麦和燕麦可以供给可溶性纤维，而小麦和玉米则可以提供不溶性纤维，这些膳食纤维有助于宝宝建立正常排便规律，保持健康的肠胃功能，能有效促进肠道蠕动，软化大便，有助减少宝宝便秘的发生，同时能促进肠道有益菌的生长，帮助肠道对抗有害菌，使宝宝肠道更健康。

2. 蔬菜不可缺少

　　蔬菜含有丰富的维生素、矿物质等多种营养物质，宝宝常吃大有益处。

　　茼蒿：茼蒿是一种营养成分比较全面的蔬菜，含有丰富的维生素和较高量的钠、钾等矿物质。其胡萝卜素的含量也比较高，是黄瓜、茄子等蔬菜的 1.5~30 倍。茼蒿中含有特殊香味的挥发油，能宽中理气、消食开胃，适合厌食、挑食的宝宝食用。

生菜：生菜中含有大量的膳食纤维、B族维生素、维生素C、维生素E，以及钙、磷、钾、钠、镁及少量的铜、铁、锌，是宝宝食物的绝佳选择。

土豆：土豆的营养成分非常丰富，100克土豆蛋白质含量约2~2.5克，而且质量好，接近动物性蛋白。它含有特殊的黏蛋白，不但有润肠作用，还有脂类代谢作用，能帮助胆固醇代谢。此外，土豆还含有多种维生素和矿物质，其中维生素C的含量比较高，钙、磷、镁、钾的含量也很高。

豌豆：豌豆是一种营养性食物，含蛋白质23%~25%、碳水化合物57%~60%、粗纤维45%，还含有多种矿物质、维生素及微量元素。特别是豌豆中的铜、铬等微量元素含量较多，铜有利于增进宝宝的造血机能，帮助骨骼和大脑发育；铬有利于糖和脂肪的代谢，能维持胰岛素的正常功能。

胡萝卜：胡萝卜营养价值很高，含有丰富的胡萝卜素，在蔬菜中名列前茅。胡萝卜素在小肠壁以及肝细胞中可转变为维生素A并供人体利用，正常人平时所需要的维生素A有70%是由胡萝卜素转变而来的。维生素A对保持皮肤和黏膜的完整性，提高免疫功能，防止呼吸道、泌尿道等器官感染，促进小儿生长发育，参与视网膜中感光物质的形成等方面，具有重要的作用。

西红柿：西红柿含有20多种胡萝卜素，如α-胡萝卜素、β-胡萝卜素、叶黄素和玉米黄素，番茄红素约占80%~90%。可以说，西红柿是番茄红素的天然仓库。此外，西红柿还含有丰富的维生素C和维生素E，能够提高宝宝的免疫力。

3. 每天一个水果

儿童自胎儿期至青春期的这个阶段，正是长身体和智力发育的关键时期。儿童需要通过适量吃水果来补充一些维生素、矿物质和膳食纤维等，以促进营养均衡，让身体得以健康发育。

蓝莓：蓝莓中花青素的含量在水果当中是最高的，花青素可以缓解眼睛疲劳、改善人的视力，保护眼睛。现在的儿童除了看书外，对电视、电脑、手机、IPAD 更是着迷，这对儿童视力的伤害更是严重，因此，儿童要常食蓝莓。

番石榴：番石榴又称芭乐，其所含的钙、磷、铁等元素不仅能促进儿童身体发育，而且所含的微量元素对肥胖症有很好的疗效，这对于预防儿童肥胖症有良好的作用。

牛油果：牛油果又称为酪梨，因为外形像梨，外皮粗糙又像鳄鱼头，因此人们也常称其为鳄梨或油梨。果肉含有多种不饱和脂肪酸，所以有降低胆固醇的功效，另外牛油果所含的胡萝卜素、维生素 E 和维生素 B_2，对眼睛有益，还有牛油果中的叶酸也非常丰富，这对儿童的大脑发育也是非常有帮助的。

4. 常食适量的鱼、禽、蛋、瘦肉

　　鱼、禽、蛋、瘦肉等动物性食物是优质蛋白质、脂溶性维生素和矿物质的良好来源。动物蛋白的氨基酸组成更适合人体需要，且赖氨酸含量较高，有利于补充植物蛋白中赖氨酸的不足。肉类中铁的利用较好，鱼类特别是海鱼所含不饱和脂肪酸有利于儿童神经系统的发育。动物肝脏含维生素 A 极为丰富，还富含维生素 B_2、叶酸等。我国农村还有相当数量的学龄前儿童平均动物性食物的消费量还很低，应适当增加摄入量，但是部分大城市学龄前儿童膳食中优质蛋白比例已满足需要甚至过多，同时膳食中饱和脂肪的摄入量较高，谷类和蔬菜的消费量明显不足，这对儿童的健康不利。鱼、禽、瘦肉等含蛋白质较高、饱和脂肪较低，建议儿童可经常吃这类食物。

5. 正确选择零食，少喝含糖高的饮料

零食是学龄前儿童饮食中的重要内容，应科学对待、合理选择。对学龄前儿童来讲，零食是指一日三餐两点之外添加的食物，用以补充不足的能量和营养素。学龄前儿童新陈代谢旺盛，活动量多，所以营养素需要量相对比成人多。水分需要量也大，建议学龄前儿童每日饮水量为 1000 ～ 1500 毫升。其饮品应以白开水为主。目前市场上许多含糖饮料和碳酸饮料含有葡萄糖、碳酸、磷酸等物质，因此不宜过多地饮用这些饮料，否则不仅会影响孩子的食欲，使儿童容易发生龋齿，而且还会造成过多能量摄入，不利于儿童的健康成长。零食品种、进食量以及进食时间是需要特别考虑的问题。在零食选择时，建议多选用营养丰富的食品，如乳制品（液态奶、酸奶）、鲜鱼虾肉制品（尤其是海产品）、鸡蛋、豆腐或豆浆、各种新鲜蔬菜水果及坚果类食品等，少选用油炸食品、糖果、甜点等。

二 儿童饮食宜忌

对于正处于生长发育阶段的儿童，良好的饮食习惯是确保他们健康成长的关键。在饮食过程中，有哪些习惯是必须禁止的，哪些良好的习惯是需要继续保持的，作为家长应该熟知。

宜：饮食宜清淡少盐

家长们在为儿童烹调加工食物时，宜清淡少盐，同时应尽可能保持食物的原汁原味，让孩子首先品尝和接纳各种食物的自然味道。为了保护儿童较敏感的消化系统，避免干扰或影响儿童对食物本身的感知和喜好、食物的正确选择和膳食多样的实现、预防偏食和挑食的不良饮食习惯，

儿童的膳食应清淡、少盐、少油脂，并避免添加辛辣等刺激性物质和调味品。此外，儿童高血压、肥胖、高血脂、糖尿病现已成为儿童期最常见的"成人病"，发病率有上升趋势，主要与饮食结构不合理及不良饮食习惯有关，如小儿喜食口味重、过咸、过甜、糖分高的食品。所以从小养成清淡少盐的饮食习惯，对儿童的健康大有益处。

宜：饮食宜粗细搭配

儿童的饮食需讲究粗细搭配，因为粗粮可以提供细粮所不具备的营养成分，如赖氨酸和蛋氨酸，在粗粮中的含量远远高于细粮。赖氨酸是帮助蛋白质被人体充分吸收和利用的关键物质，补充足够的赖氨酸才能提高蛋白质的吸收和利用，达到均衡营养，促进生长发育。各种杂粮各有长处：小麦含钙高；小米中的铁和B族维生素较高。因此，儿童饮食应粗细搭配，获取更全面的营养。一般情况下一天宜吃一顿粗粮、两顿细粮。若将粗细粮搭配食用，如做成八宝粥、二米饭、豆沙包等，可使食物中的蛋白质成分互相补充，从而提高食物的营养价值，对儿童的成长发育非常有帮助。

宜：吃饭宜吃七分饱

儿童全身各个器官都处于稚嫩的阶段，它们的活动能力较为有限，消化系统更是如此。父母在给宝宝喂食时一定要把握好度，使宝宝能始终保持一个正常的食欲，以"七分饱"为最佳，这样既能保证生长发育所需营养，又不会因吃得太饱加重消化器官的工作负担。如果宝宝长期吃得过多，极易导致脑疲劳，造成大脑早衰，影响大脑的发育，智力偏低。此外，吃得过饱还会造成肥胖症，从而严重影响骨骼生长，限制宝宝身高发育。

宜：宜多吃新鲜蔬菜、水果

儿童由于身体发育的关系，对维生素的需求比较大，而大部分维生素不能在体内合成或合成量不足，必须依靠食物来提供。此时，家长们应鼓励学龄前儿童适当多吃蔬菜和水果。蔬菜和水果所含的营养成分并不完全相同，不能相互替代。在制备儿童膳食时，应注意将蔬菜切小、切细以利于儿童咀嚼和吞咽，同时还要注意蔬菜水果品种、颜色和口味的变化，引起儿童多吃蔬菜水果的兴趣。

宜：每天宜适量饮奶

奶类是一种营养成分齐全、组成比例适宜、易消化吸收、营养价值很高的天然食品。除含有丰富的优质蛋白质、维生素 A、核黄素外，含钙量较高，且利用率也很好，是天然钙质的极好来源。儿童摄入充足的钙有助于增加骨密度，从而延缓其成年后发生骨质疏松的年龄。目前我国居民膳食提供的钙普遍偏低，因此，对处于快速生长发育阶段的学龄前儿童，应鼓励每日饮奶。

宜：宜食用大豆及其制品

大豆富含优质蛋白质、不饱和脂肪酸、钙及维生素 B_1、维生素 B_2、烟酸等。为提高农村儿童的蛋白质摄入量及避免城市中由于过多消费肉类等带来的不利影响，建议常吃大豆及其制品。学龄前儿童每日平均骨骼钙储留量为 100 ~ 150 毫克，学龄前儿童钙的适宜摄入量为 800 毫克 / 每天。奶及奶制品钙含量丰富，吸收率高，是儿童最理想的钙来源。每日饮用 300 ~ 600 毫升牛奶，可保证学龄前儿童钙摄入量达到适宜水平。豆类及其制品尤其是大豆、黑豆含钙也较丰富，芝麻、小虾皮、小鱼、海带等也含有一定的钙。

忌：忌边吃饭边喝水

很多儿童有边吃饭边喝水的习惯。其实，这种习惯非常不好，因为这样会影响食物的消化吸收，增加胃肠负担，长此以往可引致胃肠道疾患，造成营养素缺乏。食物经口腔初加工消化成食团，送入胃肠进一步消化、吸收食物中的营养素。如果边吃饭边喝水，水会将口腔内的唾液冲淡，降低唾液对食物的消化作用；同时也易使食物未经口腔仔细咀嚼就进入胃肠，从而加重胃肠的负担。如喝水过多还会冲淡胃酸，削弱胃的消化功能。

忌：忌边吃饭边玩耍

玩是小孩子的天性，但切记不宜让小孩在吃饭的过程中玩耍，孩子玩的时候嘴里含着食物，很容易发生食物误入气管的情况，轻者出现剧烈的呛咳，重者可能导致窒息。另外，孩子含着小勺跑来跑去时如果摔倒，小勺可能会刺伤宝贝的口腔或咽喉。进餐时，家长们应该让孩子坐在饭桌上吃饭，不要让孩子端着碗到处跑。吃饭的环境、地点固定，周围不要有干扰的情况，如走来走去的人群、开着的电视、好玩的玩具等。此外，吃饭要有规律，在孩子比较饥饿的时候开饭，这时孩子吃饭的兴趣会大大增加，持续时间也会长。

忌：忌偏食

儿童偏食是比较常见的饮食问题，表现为吃得少而慢、对食物不感兴趣、不愿尝试新食物、强烈偏爱某些质地或某些类型的食物等。现在不少独生子女存在喂养过度关注、饭桌上逼哄骗的紧张气氛。孩子在压迫气氛中进食，心理负担沉重，更加厌恶反感其挑剔的食物。

对于挑食的孩子应如同对待行为问题（比如反抗和逆反）一样，需要春风化雨，少给孩子压力。孩子挑食还有一个合理的科学解释，即宝宝的味蕾比我们的多（味蕾随着年龄的增长而减少），所以嘴就更刁，这可能是为什么宝宝不愿意吃辣的东西或者胡萝卜、西蓝花这样的蔬菜的原因。家长们要尽量把蔬菜做得更美味些，像甜椒、红薯、胡萝卜这样有甜味的菜，可能要比西蓝花更受孩子的欢迎。另外，家长要知道，和家里人一起吃饭的孩子，要比那些单独吃饭的孩子吃得更健康。

忌吃太多零食

面对市场上品种繁多、琳琅满目的儿童食品，有些家长的做法是只要孩子喜欢吃，不分时间、品种、多少以及孩子的消化、吸收能力，而一味满足他们的要求；而另一些家长则认为吃零食会影响孩子的生长发育，所以不给孩子买零食吃。以上两种做法均有些欠妥。孩子的零食既不能太多，也不能没有。

一般来说，早餐吃得简单且少，所以在上午为孩子补充少量能量较高的食品为宜，如蛋糕、饼干、花生、板栗、核桃、红枣等。午睡是不可少的，醒来后喝少量的温水，等孩子做游戏后，给孩子的零食应以水果为主。晚饭后不必补充什么零食，如果有条件喝一杯牛奶即可，但要注意喝完奶后玩一小会儿，漱漱口再入睡。家长需要注意的是，在一日三餐前的半小时给孩子喝20毫升的温开水，这样有助于增加孩子的食欲。如给饮料则应不含色素、咖啡因等，太甜时应加水冲淡，以免影响孩子的食欲及消化吸收。

忌：忌吃高盐的食物

在现代膳食中，儿童钠盐摄入量逐渐增加，其中既有家庭一日三餐的盐超量，也有零食中含钠盐增多。近来，患上高血压的儿童越来越多，调查发现这些儿童在婴儿时期绝大多数经常吃过咸的食物。高盐饮食会使口腔唾液分泌减少，利于各种细菌和病毒在上呼吸道的繁殖；高盐饮食可能抑制黏膜上皮细胞的繁殖，使其丧失抗病能力。这些因素都会使上呼吸道黏膜抵抗疾病侵袭的作用减弱，加上孩子的免疫能力本身又比成人低，又容易受凉，各种细菌、病毒乘虚而入，导致感染上呼吸道疾病。

三 儿童四季饮食要点

春、夏、秋、冬四季气候各不同，儿童的饮食也应随季节而变，每个季节儿童的饮食搭配也应各具特点。

1.春季饮食要点

春天是万物生长的季节，也是孩子长身体的最佳时机。对于生机蓬勃、发育迅速的小儿来说，春天更应注意饮食调养，以保证其健康成长。

营养摄入丰富均衡，钙是必不可少的，应多给宝宝吃一些鱼、虾、鸡蛋、牛奶、豆制品等富含钙质的食物，并尽量少吃甜食、油炸食品及碳酸饮料，因为它们是导致钙质流失的"罪魁祸首"。蛋白质也是不可或缺的，鸡肉、牛肉、小米都是不错的选择。

早春时节，气温仍较寒冷，人体为了御寒要消耗一定的能量来维持基础体温。所以早春期间的营养构成应以高热量为主，除豆类制品外，还应选用芝麻、花生、核桃等食物，以便及时补充能量。由于寒冷的刺激可使体内的蛋白质分解加速，导致机体抵抗力降低而致病，因此，早春时

节还需要注意给小儿补充优质蛋白质食品，如鸡蛋、鱼类、虾、牛肉、鸡肉、兔肉和豆制品等。上述食物中所含有的丰富的蛋氨酸具有增强人体耐寒性的功能。

春天气温变化较大，细菌、病毒等微生物开始繁殖，活动力增强，容易侵犯人体。所以在饮食上应摄取足够的维生素和无机盐。小白菜、油菜、青椒、西红柿、鲜藕、豆芽、柑橘、柠檬、草莓、山楂等新鲜蔬菜和水果含维生素C，具有抗病毒作用；胡萝卜、苋菜、油菜、雪里蕻、西红柿、韭菜、豌豆苗等蔬菜富含胡萝卜素，而动物肝、蛋黄、牛奶、乳酪、鱼肝油等动物性食品富含维生素A，具有保护和增强上呼吸道黏膜和呼吸器官上皮细胞的功能，从而可抵抗各种致病因素的侵袭。也可多吃含有维生素E的芝麻、包菜、花菜等食物，以提高人体免疫功能，增强机体的抗病能力。春天多风，天气干燥，妈妈一定要注意及时为宝宝补充水分。另外，还要注意尽量少让宝宝吃膨化食品和巧克力，以免上火；荔枝、橘子等温性水果也不宜食用过多。

春季患病或病后恢复期的小儿，可以清凉、素净、味鲜可口、容易消化的食物为主。可食用大米粥、冰糖薏米粥、赤豆粥、莲子粥、青菜泥、肉松、豆浆等。春季宝宝易过敏，所以饮食上需要特别注意，尤其是那些过敏体质的儿童更要小心食用海鲜、鱼虾等易引起过敏的食物。

2.夏季饮食要点

炎热的夏季，是人体能量消耗最大的季节。这时，人体对蛋白质、水、无机盐、维生素及微量元素的需求量有所增加，对于生长发育旺盛期的儿童更是如此。

首先是对蛋白质的需要量增加，夏季蛋白质分解代谢加快，并且汗液可以使大量微量元素及维生素丢失，使人体的抵抗力降低。在膳食调配上，要注意食物的色、香、味，多在烹调技巧上用心，使孩子增加食欲。可多吃凉拌菜、豆制品及新鲜蔬菜、水果等。夏季可以给孩子多吃一些具有清热去暑功效的食物，例如苋菜、藕、绿豆芽、西红柿、丝瓜、黄瓜、冬瓜、菜瓜、西瓜等，尤其是西红柿和西瓜，既可生津止渴，又有滋养作用。另外还可选食豆类、瘦猪肉、牛奶、鸭肉、红枣、香菇、紫菜、梨等，以补充丢失的维生素。同时，由于夏季气温高，宝宝的消化酶分泌较少，容易引起消化不良或感染上肠炎等肠道传染病，需要适当地为宝宝增加食物量，以保证足够的营养摄入。

最好吃一些清淡易消化、少油腻的食物，如黄瓜、西红柿、莴笋等含有丰富维生素C、胡萝卜素和无机盐等物质的食物。此外，豆浆、豆腐等豆制品，它们所含的植物蛋白最容易被宝宝吸收。多变换花样品种，以增进儿童食欲，在烹调时，鱼宜清炖，不宜用油煎炸，还可巧用酸、辣等调料来开味。

白开水是宝宝夏季最好的饮料。夏季宝宝出汗多，体内的水分流失也多，宝宝对缺水的耐受性比成人差，若有口渴的感觉时，其实体内的细胞已有脱水的现象了。脱水严重还会导致发热。宝宝从奶和食物中获得的水分约800毫升，但夏季宝宝应摄入1100～1500毫升的水。因此，多给宝宝喝开水非常重要，可起到解暑与缓解便秘的双重作用。由于天热多汗，机体内大量盐分随汗排出体外。缺盐使渗透压失衡，影响代谢，人易出现乏力、厌食等症。夏季适量补充盐分，不可过多或太少，切勿忽视。冷饮、冷食吃得过多，会冲淡胃液，影响消化，并刺激肠道，使蠕动亢进，缩短食物在小肠内停留的时间，影响孩子对食物中营养成分的吸收。特别是幼儿的胃肠道功能尚未发育健全，黏膜血管及有关器官对冷饮、冷食的刺激尚不适应，多食冷饮、冷食，会引起腹泻、腹痛及咳嗽等症状，甚至诱发扁桃体炎。

3. 秋季饮食要点

秋天，秋高气爽，五谷飘香，是气候宜人的季节。人体的消耗逐渐减少，食欲也开始增加。因此，家长可根据秋季的特点来调整饮食，使婴幼儿能摄取充足的营养，促进孩子的发育成长，补充夏季的消耗，并为越冬做准备。

金秋时节，果实大多成熟，瓜果、豆荚类蔬菜种类很多，鱼类、肉类、禽类、蛋类也比较丰富。秋季饮食构成应以防燥滋润为主。事实证明，秋季应多吃些芝麻、蜂蜜、蜂乳、甘蔗等。水果应多吃些雪梨、鸭梨。梨营养丰富，含有葡萄糖、果糖、维生素和矿物质，不仅是人们喜爱吃的水果，也是治疗肺热痰多的良药。

秋天，有利于调养生机、去旧更新。对素来体弱、脾胃不好、消化不良的小儿来说，可以吃一些具有健补脾胃的食品，如莲子、山药、扁豆、芡实、板栗等。鲜莲子可生食，也可做肉菜、糕点或蜜饯；干莲子营养丰富，能补中益气、健脾止泻；山药不但有丰富的淀粉、蛋白质、无机盐和多种维生素等营养物质，还含有多种纤维素和黏液蛋白，有良好的滋补作用；扁豆具有健脾化湿之功效；芡实是秋凉进补的佳品，具有滋养强壮的功效；板栗可与大米共煮粥，加糖食用，也可做板栗鸡块等菜肴，有养胃健脾、促进消化的作用。

秋季饮食要遵循"少辛增酸"的原则，即少吃一些辛辣的食物，如葱、姜、蒜、辣椒等，多吃一些酸味的食物，如广柑、山楂、橘子、石榴等。

此外，由于秋季较为干燥，饮食不当很容易出现嘴唇干裂、鼻腔出血、皮肤干燥等上火现象，因此家长们还应多给宝宝吃润燥生津、清热解毒及有助消化的蔬果，如胡萝卜、冬瓜、银耳、莲藕、香蕉、柚子、甘蔗、柿子等。另外，及时为宝宝补充水分也是相当必要的，除日常饮用白开水外，妈妈还可以用雪梨或柚子皮煮水给宝宝喝，同样能起到润肺止咳、健脾开胃的功效。秋季天气逐渐转凉，是流行性感冒多发的季节，家长们要注意在日常饮食中让宝宝多吃一些富含维生素 A 及维生素 E 的食品，增强机体免疫力，预防感冒。

4. 冬季饮食要点

冬季气候寒冷，人体受寒冷气温的影响，机体的生理和食欲均会发生变化。因此，合理地调整饮食，保证人体必需营养素的充足，对提高幼儿的机体免疫功能是十分必要的。这期间，家长们需要了解冬季饮食的基本原则，从饮食着手，增强宝宝的身体抗寒和抗病力。

小儿冬天的营养应以增加热能为主，可适当多摄入富含碳水化合物和脂肪的食物，还应摄入充足的蛋白质，如瘦肉、鸡蛋、鱼类、乳类、豆类及其制品等。这些食物所含的蛋白质不仅便于人体消化吸收，而且富含必需氨基酸，营养价值较高，可增加人体耐寒和抗病能力。

幼儿们冬季的户外活动相对较少，接受室外阳光照射时间也短，很容易缺乏维生素 D。这就需要家长定期给宝宝补充维生素 D，每周 2 ~ 3 次，每次 400 单位。同时，寒冷气候使人体氧化功能加快，维生素 B_1、维生素 B_2 代谢也明显加快，饮食中要注意及时补充富含维生素 B_1、维生素 B_2 的食物。维生素 A 能增强人体的耐寒力，维生素 C 可提高人体对寒冷的适应能力，并且对血管具有良好的保护作用。同时，有医学研究表明，如果体内缺少无机盐就容易产生怕冷的感觉，要帮助宝宝抵御寒冷，建议家长们冬季多让孩子摄取根茎类蔬菜，如胡萝卜、土豆、山药、红薯、藕及青菜等，这些蔬菜的根茎中所含无机盐较多。

冬天的寒冷可影响到人体的营养代谢。在日常饮食中可多食一些瘦肉、肝、蛋、豆制品和虾皮、虾米、海鱼、紫菜、海带等海产品，以及芝麻酱、豆制品、花生、核桃、赤豆、芹菜、橘子、香蕉等食物。冬季是最适宜滋补的季节，对于营养不良、抵抗力低下的儿童更宜进行食补，食补有药物所不能替代的效果。可选食粳米、籼米、玉米、小麦、黄豆、红豆、豌豆等谷豆类；菠菜、韭菜、萝卜、黄花菜等蔬菜；牛肉、羊肉、兔肉、鸡肉、猪肚、猪肾、猪肝及鳝鱼、鲤鱼、鲢鱼、鲫鱼、虾等肉食；橘子、椰子、菠萝、莲子、大枣等果品。此外，冬季的食物应以热食为主，以煲菜、烩菜、炖菜或汤菜等为佳。不宜给孩子多吃生冷的食物。生冷的食物不易消化，容易伤及宝宝脾胃，脾胃虚寒的孩子尤要注意。冬季热量散发较快，用勾芡的方法可以使菜肴的温度不会降得太快，如羹糊类菜肴。

PART 2

婴儿（0~1岁）的营养辅食

　　不同的年龄阶段，宝宝们的美味食谱都是不同的。这里我们将宝宝们划分为0~6个月婴儿、7~12个月婴儿、1~3岁幼儿、3~6岁学龄前儿童、7~12岁启蒙期儿童，针对各个阶段提供最适合宝宝的健康食谱。

一 0～6个月婴儿的健康喂养

0～6个月婴儿期健康喂养的重中之重是让孩子合理地获取营养。健康合理地喂养是指保持营养素的平衡，满足婴儿机体生长发育的需要。营养的合理与否直接关系到孩子现在以至将来的体格、智力、心理发育的具体程度。

1 0～3个月婴儿饮食喂养特点

随着婴儿的生长发育和营养元素需要量的增加，仅靠母乳或牛奶已经不能满足宝宝所需要的营养元素；哺乳后期，母乳的分泌量减少，婴儿体内的铁、锌的储存量减少。所以要重视乳制品以外的辅助食品添加。

1个月的宝宝已经脱离了新生儿期，对奶的需要量明显增加。一般情况下，宝宝全天奶的需求量为 500～750 毫升；每天需要喂奶 6～7 次，每次喂奶在 80～125 毫升。此时不可喂婴儿全牛奶；如妈妈因特殊原因不能以母乳喂养宝宝，应选择婴儿配方奶粉。当然，因宝宝体格、消化吸收功能以及活动量不同，对奶的需求量也会有较大的差异。对于 1 个月的婴儿来说，每次哺乳大约需要 10 分钟，如果宝宝每次吃奶后总是吸吮着乳头不放，同时其体重增长较慢，就表示母亲的奶量已经不能满足宝宝的需要，应进行混合喂养。采取混合喂养时，应坚持"母乳为主，其他奶品为辅"的原则。从满月起，还应该给宝宝补充适量鱼肝油，以促进钙、磷的代谢吸收，一般每天服用两滴浓缩鱼肝油即可满足婴儿需要。

对于两个月的婴儿仍应继续坚持母乳喂养。可以适当延长喂奶间隔，一般每4个小时左右喂1次，每天喂奶5～6次，每次哺乳的时间控制在10～15分钟为最佳，不要因为宝宝的活动能力增加而使其养成吃吃停停的坏习惯。如果母乳不足而采取混合喂养时，最好每天早上、中午、晚上睡觉前以及夜里都要让宝宝吃到母乳。对于选用婴儿配方奶粉进行人工喂养的婴儿，此时所需的奶量可能会比新生儿期有大幅度的增加，但每次的喂奶量应控制在200毫升以内。两个月的婴儿可以加喂充分稀释的果汁和菜汁，每次20～30毫升，4～6匙，每天1～2次。同时，还应继续加喂鱼肝油，每天可喂浓缩鱼肝油两滴，分早晚进行，每次一滴。

纯母乳喂养的3个月大的宝宝如果体重增长顺利，而妈妈的乳房仍然有胀满感，说明母乳充足，应继续坚持以母乳喂养。而人工喂养的宝宝随着体重增长速度减慢，吃奶量则可能会稍微下降，有时甚至会出现短暂的厌奶现象。此时不宜强行喂养，仍要本着"按时喂养"的原则，约4个小时喂1次奶，中间可以加喂些

白开水。这个时期，可以在上午、下午加一点稀释的果汁和菜汁给宝宝饮用，但每次的量最好控制在50毫升以内，并注意保持宝宝的营养均衡。

2 □～6个月婴儿饮食的注意事项

（1）观察宝宝饮用的反应

满1岁前的宝宝肠胃特别敏感，所以从宝宝开始接受副食品时，就应该特别注意容器的卫生和食物的新鲜，刚开始先选择最不会产生过敏的柳橙和苹

果制作饮品，最好选定一种水果，在持续给予3天后，若没有不良反应再慢慢发展至其他种类的水果。

当小宝贝满4个月时就应该给予稀释的饮品，然后观察他皮肤和粪便的情况，给予的最佳时机最好是在宝宝身体健康的时候。若宝宝在喝了果汁后的1～2小时起了小红斑点或排便呈现拉稀的状态，就要暂停饮用，若状况仍然未改善，就需立刻带至医院诊疗。小宝贝满6个月时，就可以给予未加稀释的果汁，这个阶段除了继续观察皮肤和粪便的情况之外，也要特别慎选水果，父母千万别认为宝宝已经具有适应水果的能力，就给予口感太强烈的品种，例如榴梿、荔枝、芒果等，最好的水果仍然是温和的苹果、柳橙、水梨等。同时给予的时间最好是在白天，以便当小宝贝出现不适应的症状时，父母仍有足够的时间寻求医师协助。当小宝贝满8个月时，就可以给予两种以上混合的果汁，口味也可以多变化。因为这个时期的宝宝已经接触了不少的副食品，包括稀饭、高汤、肉泥和菜泥，所以父母更要特别用心制作美味的果汁来吸引小宝贝的兴趣，补足所欠缺的营养素。

（2）奶瓶与奶嘴的选择

给宝宝使用的奶瓶有玻璃、塑料两种材质，但塑料奶瓶在消毒杀菌时不适合煮太久。通常玻璃奶瓶适合给刚出生至3个月大的宝宝使用，因为这个时期的消毒工作特别重要，而且小宝贝尚未学会自行握取奶瓶，都是由家人喂食，所以没有掉落破裂之疑虑。而奶瓶的装盛容量应该以小宝贝的食量而定，刚出生的小宝贝食量不大，所以可以使用120～140毫升的奶瓶，待食量增加之后再转换成240～250毫升的奶瓶即可，且最好同时准备3～4个奶瓶来替换。

奶嘴孔洞有两种——圆洞、十字孔，都有孔洞大小之分。若孩子吸吮力差，则可选择孔洞较大的圆孔奶嘴，让奶水自然流出，孩子吸食较不费力；若孩子吸吮力较佳，则可选择孔洞较小的十字孔奶嘴，较不易呛到或吸入空气。由于各品牌适用月龄有些微差距，建议依照标示购买。根据笔者的育儿经验，小圆洞奶嘴适合给宝宝喝水和纯净果汁的时候使用，流出的量可以被控制，避免小宝贝喝水时被呛到；十字形奶嘴适合给宝宝用来喝主食的牛奶。因为1岁前每天喝牛奶的次数较多，所以十字形奶嘴较容易因反复使用清洗或小宝贝调皮啃咬而损坏，因此家里面最好随时多准备2～3个奶嘴，以应付不时之需，且奶嘴因宝宝用牙齿磨损后应立刻换新，若未磨损也需每隔3个月淘汰换新。而奶瓶与奶嘴的锁紧程度，以将奶瓶倒置，奶水可缓慢滴落为宜，若喂食时发现奶量减少速度缓慢，请检查奶嘴部分是否已呈吸扁状态，这样就是锁太紧了，宝宝会吸吮得很辛苦喔！

（3）奶瓶与奶嘴的消毒方式

玻璃奶瓶的消毒方式与塑料奶瓶类似，但玻璃奶瓶煮沸的时间可以更久。首先，将奶瓶的奶嘴和固定奶嘴的旋转盖取下，将瓶子放入大锅中，装满清水，奶瓶内亦装满清水，不加锅盖以中小火煮至沸腾。若是塑料奶瓶，则水沸腾后立即关火，以筷子或夹子取出倒扣阴干；若是玻璃奶瓶，则可以在沸腾后续煮5～10分钟（视奶瓶的多寡决定时间），再以筷子或夹子取出倒扣阴干。而奶嘴、奶嘴固定圈和瓶盖直接放入煮沸的水中浸泡3分钟即可取出，置于干净的厨房纸巾上待干即可。

也可以选择使用蒸汽消毒锅的方式，依照产品说明倒入所需水量，将洗净的奶瓶、奶嘴、奶嘴固定圈与瓶盖放入，打开电源进行消毒，待消毒完毕后即会自动切断电源。建议选择知名品牌产品，以免因高温产生塑料质变的疑虑。

（4）别强迫宝宝喝光光

　　大部分的父母都期待宝宝能够一口气喝完牛奶或饮品，但若宝宝出现手推奶瓶或舌头往外推奶嘴的动作，表示饱了或目前想休息的状态，这时请不要强硬喂宝宝，等到下一次的喂奶或点心时间，再制作新的饮品给小宝贝饮用。所以父母必须多点耐心给小宝贝一段时间来适应，千万别在喂食饮品的过程中有不愉快的经验，否则会种下他潜意识对饮品的排斥。在喂食的过程中请耐心地记录宝宝喝奶、饮品的时间及分量，随时注意宝宝的饮食状况，除了可知道宝宝的食量变化是否正常，也可在每次健康检查时提供给医生作为成长评量参考。

二　7～12个月婴儿的饮食指南

　　一般来说，宝宝4～6个月时就要开始添加辅食了，以量少质稀为宜，到7～12个月时就可以考虑断奶了。不过，具体的断奶月龄并没有硬性的规定，可以根据妈妈母乳多少、母乳加辅食混合喂养宝宝的发育综合情况等来决定。

1 7～12个月宝宝饮食喂养特点

　　7个月大的宝宝每天进食的奶量不变，分3～4次喂食。这时母乳已经不能满足宝宝生长的需要，应该进一步给宝宝添加辅食。辅食的品种要多样化，荤素搭配，营养均衡，可以试着在辅食中加一点点盐，以增加食物的口味，同时要注意避免让宝宝养成偏食的习惯。这个时期的婴儿开始萌出牙齿，咀嚼食物的能力逐渐增强，可以在辅食中加少许碎菜、肉末等，并且辅食添加要逐步增加。这时，还可继续给宝宝吃些碎饼干、面包类食物，以练习咀嚼能力。

宝宝8个月大时，妈妈的母乳开始变少，质量也逐渐下降，这时需要做好断奶的准备。从这个月开始，每天给宝宝添加辅食的次数可以安排在10时、14时和18时。这时的母乳喂养次数要减少到每天2～3次，喂养的时间可以安排在早起时、中午和晚上临睡时。8个月的宝宝正处于长身体时期，需要大量的钙，不应再把母乳或牛奶作为其单一的主食，要增加辅食量，但每天摄入奶量仍要保持在500毫升左右。此时，婴儿消化道内的消化酶已经可以充分消化蛋白质，所以可给宝宝多添加一些富含蛋白质的辅食，如奶制品、豆制品及鱼肉等。

从9个月开始，宝宝可以遵循成人的时间来进食正餐，每天还要吃早、中、晚三餐辅食。此时的宝宝可能已经长出3～4颗小牙，有一定的咀嚼能力，可适当添加一些相对较硬的食物，如碎菜叶、肉末、面食等。加工食物时一定要把食物较粗的根、茎去掉。在添加辅食的过程中要注意蛋白质、淀粉、维生素、油脂等营养物质间的平衡。蔬菜品种应多样化，对经常便秘的宝宝可以选择菠菜、胡萝卜、红薯、土豆等含纤维较多的食物。与此同时，母乳的喂养次数应逐渐从每天3次减少到2次，可在早上、晚上进行。过了九个月后，宝宝不再停留在只吃蛋黄的阶段，而是可以食用整个鸡蛋了。

10～12个月的宝宝经过进食辅食作为过渡，到了可以断奶的阶段，并逐渐养成了一日三餐为主，早、晚牛奶为辅的进餐习惯。这个时期的宝宝可以吃软饭、烂菜、水果、小肉肠、碎肉、面条、馄饨、小饺子、蔬菜薄饼、燕麦片粥等。此时蔬菜的补给要多样化，以逐步取代母乳，使辅食变为主食。这个阶段的宝宝还不能充分消化吸收大人吃的食物，因此饮食制作上还是要做得细、软及清淡一些。此时，必须要保证蛋白质和热量的供应，要注意营养均衡、蔬菜和水果以及荤素的合理搭配，密切关注宝宝有无偏食的倾向。

2 添加辅食的基本原则

　　如何决定宝宝是否可以开始给予辅食，除了宝宝的月龄之外，还同时需要考虑宝宝的体重、发育速度、活动力和胃口，如果宝宝的体重已达到出生时的两倍且超过 6 千克，每天哺喂母奶次数已有 8～10 次，宝宝却有喝不饱的感觉（喝配方奶量超过 1000 毫升），就表示宝宝可以进入开始吃流质辅食阶段了。

　　每个宝宝的生长都有个体差异，一般给予辅食的基础时间点为健康宝宝 4 个月，过敏宝宝 6 个月，这是因为 4 个月之前的宝宝不论是以母奶或婴儿配方奶哺喂，都能得到完整营养，而主管消化的胰脏在宝宝 4～6 个月大才慢慢发展成熟，食道与胃之间的括约肌也大约在 6 个月才发育完成，因此含蛋白质、脂肪、淀粉较多的食物，都必须等到此阶段再逐渐给予。但如果宝宝的发育良好，未满 4 个月体重就超过出生时的两倍，或是能稍微保持坐姿，趴着时能撑起头部，眼睛直盯着大人的食物看，表现出高度兴趣，这个时候就可以开始给宝宝添加辅食了。

1 根据宝宝的发育给予

　　最简单的大原则就是由稀到稠、由细到粗、由少到多、由一种到多种，一开始先给予流质食物，然后配合宝宝的咀嚼、消化与适应能力，慢慢调整至半流质、固体食物。每个宝宝的食欲和食量不尽相同，爸爸妈妈们应该细心观察宝宝的需要做适当调整。

2 观察宝宝的反应

　　宝宝第一次尝试奶以外的食物，刚开始只能给予一种食物，且从 1 茶匙的少量，并以由稀渐浓的方式喂食，建议从不易过敏的米糊开始尝试，并在宝宝健康时给予。每种食物在喂食 3～5 天之后，若宝宝没有如呕吐、腹泻、皮肤潮红、出疹子等不良反应，才可再给予另一种新食物或是增加分量。以循序渐进的方式添加，不要混合多种新

食物喂食，以免宝宝出现不良反应时无法判断是哪种食物所导致；等到宝宝尝试过4～5种食物，且反应良好，才能将已适应的食物混合喂食。开始吃辅食后，宝宝的便便可能会软一些，甚至把食物原封不动拉出来，只要不是拉稀就没有关系。若宝宝发生异状，需暂停喂食，等症状消失后再试着喂食，若没有改善，就得带宝宝去看医生，以了解是否对某些食物过敏。

3 不要给宝宝压力

婴儿在3～4个月大时，舌头会有推出反射的本能，会将非液体食物用舌头推出嘴巴外，不一定是宝宝不想吃，也许是反射动作、也许是不饿，不妨过几天再试试。多数宝宝并无法在第一次就吃得很好，常常吃一口吐一半出来，爸爸妈妈要有耐心，并在时间充裕下以轻松愉快的态度喂食，不要强迫喂食，以免导致宝宝产生抗拒感。若宝宝不喜欢某一种食物，建议以营养素相当的种类替换，不一定非要强迫宝宝吃。

4 先吃辅食再喝奶

养成先吃辅食再喝奶的习惯，让宝宝在空腹的情况下愿意吞咽与咀嚼，否则宝宝一旦先喝奶喝饱了，就会不再吃其他食物。将食物用杯碗盛装，以小汤匙喂食，让宝宝逐渐习惯大人的饮食方式，并将食物放在舌头中间，让还不太会吞咽的宝宝较容易吞下。米、麦粉需调成糊状置于碗中喂食，不要直接加入奶中用奶瓶冲泡，不仅丧失训练宝宝吞咽与咀嚼的能力，还可能影响奶浓度与过度喂食。

冰糖雪梨汁

扫一扫看视频

材料：

雪梨 140 克，柠檬片少许

调料：

冰糖 20 克

小·贴士

雪梨含有碳水化合物、维生素 B_1、维生素 B_2、维生素 C 及苹果酸、柠檬酸、铁等营养成分，具有润燥去烦、清热化痰、养血生肌等功效。

做法：

❶ 洗净的雪梨取果肉，切成小块。

❷ 取榨汁机，选择搅拌刀座组合，放入雪梨和柠檬片。

❸ 撒入少许冰糖，注入适量纯净水，盖上盖子。

❹ 选择"榨汁"功能，榨取果汁，断电后倒出果汁，装入杯中即成。

菠萝苹果汁

扫一扫看视频

材料：

菠萝 150 克，苹果 100 克

 小·贴士

苹果含有苹果酸、柠檬酸、鞣酸、果胶、纤维素、维生素 C 等营养成分，能促进钠从体内排出，有平衡体内血压的功效，比较适合高血压患者食用。

做法：

1

❶ 洗净去皮的菠萝切小块。

2

❷ 洗好的苹果切瓣，去核，切成小块。

3

❸ 取榨汁机，选择搅拌刀座组合，倒入菠萝、苹果，加入适量矿泉水。

4

❹ 盖上盖子，选择"榨汁"功能，榨取水果汁，把榨好的果汁倒入杯中即可。

菠萝甜橙汁

扫一扫看视频

材料：

菠萝肉 100 克，橙子 150 克

小·贴士

菠萝含有果糖、葡萄糖、B族维生素、维生素C、磷、柠檬酸、蛋白酶等营养物质，有清热解暑、生津止渴、助消化等作用。

做法：

❶ 将处理好的菠萝切成小块；洗净的橙子切成瓣，去除果皮，将果肉切成小块。

❷ 取榨汁机，选择搅拌刀座组合，倒入菠萝、橙子。

❸ 再倒入适量纯净水，盖上盖子。

❹ 选择"榨汁"功能，榨取果汁，将榨好的果汁倒入杯中即可。

草莓苹果汁

扫一扫看视频

材料：

苹果 120 克，草莓 100 克，柠檬 70 克

调料：

白糖 7 克

小·贴士

草莓含有维生素 C、果糖、蔗糖、柠檬酸、苹果酸、维生素 B₁、烟酸及钙、镁、磷、钾、铁等营养物质，对动脉硬化、高血压、高血脂等有很好的食疗作用。

做法：

❶ 将洗净的苹果切瓣，去除果核，把果肉切块；洗净的草莓去除果蒂，切小块。

❷ 取榨汁机，倒入水果、矿泉水、白糖，盖好盖。

❸ 通电后选择"榨汁"功能，搅拌一会儿，榨出果汁。

❹ 断电后揭盖，取洗净的柠檬，挤入柠檬汁，搅拌，至果汁混合均匀，倒出搅拌好的果汁，装入碗中即成。

西红柿甘蔗汁

扫一扫看视频

材料：

包菜 80 克，西红柿 45 克，甘蔗汁 300 毫升

小·贴士

西红柿含有胡萝卜素、维生素C、B族维生素、钙、磷、钾、镁、铁、锌、铜等营养成分，具有健脾开胃、清热解毒、生津止渴等功效。

做法：

❶ 洗净的包菜切成小块；洗好的西红柿切成小瓣，去除果皮。

❷ 取榨汁机，选择搅拌刀座组合，倒入切好的包菜、西红柿。

❸ 再注入备好的甘蔗汁，盖上盖。

❹ 选择"榨汁"功能，榨取蔬菜汁，断电后将蔬菜汁倒入杯中即可。

材料：

土豆 170 克，莲藕 150 克

调料：

蜂蜜 20 克

做法：

1. 锅中注入清水烧热，倒入土豆、莲藕，煮 5 分钟，捞出焯煮好的食材，沥干水分。
2. 将放凉的土豆切小块；把莲藕切成小块。
3. 取榨汁机，倒入土豆、莲藕、蜂蜜。
4. 注入温开水，盖上盖，选择"榨汁"功能，榨取汁液，倒出炸好的汁液即可。

小·贴士

莲藕含有淀粉、蛋白质、维生素、钙、磷、铁等营养成分，具有健脾养胃、益气补血、止泻等功效。

土豆莲藕蜜汁

扫一扫看视频

西红柿汁

扫一扫看视频

材料：

西红柿 70 克

做法：

❶ 洗净的西红柿对半切开，去蒂，切厚片，改切成小块，备用。

❷ 取榨汁机，选择搅拌刀座组合，倒入西红柿。

❷ 注入少许纯净水，盖上盖。

❹ 选择"榨汁"功能，榨取西红柿汁，断电后倒出汁水，装入杯中即可。

冰糖李汁

扫一扫看视频

材料：
李子 200 克

调料：
冰糖 25 克

1

2

做法：

❶ 洗净的李子用刀切开，切取果肉。

❷ 取一小碗，倒入冰糖，盛入开水，拌匀，至其溶化，制成糖水。

❸ 取榨汁机，倒入李子，加入适量糖水，注入温开水，盖上盖。

❹ 选择"榨汁"功能，榨取果汁,断电后倒出李子汁，装入杯中即可。

3

4

 小·贴士

李子含有碳水化合物、胡萝卜素、丝氨酸、甘氨酸等营养成分，具有开胃消食、利尿消肿、养颜美容、润滑肌肤等功效。

苹果奶昔

扫一扫看视频

材料：

苹果 1 个，酸奶 200 克

小·贴士

酸奶的营养价值很高，含有钙、磷、铁、锌、铜、锰、钼等矿物质，还含有益生菌因子，有助于幼儿的消化。

做法：

❶ 将洗净的苹果去皮，去核，切成小块。

❷ 取榨汁机，选搅拌刀座组合，放入苹果。

❸ 再倒入适量的酸奶，盖上盖子。

❹ 选择"搅拌"功能，将苹果榨成汁，把苹果奶昔倒入玻璃杯即可。

小麦玉米豆浆

扫一扫看视频

材料：

水发黄豆 40 克，水发小麦 20 克，玉米粒 15 克

1

2

做法：

1. 将已浸泡 8 小时的小麦、黄豆倒入碗中，注入清水，洗干净，把洗好的食材倒入滤网，沥干水分。
2. 将洗净的食材倒入豆浆机中，再加入洗净的玉米粒。
3. 注入清水，至水位线即可，选择"五谷"程序，待豆浆机运转约 20 分钟，即成豆浆。
4. 将豆浆机断电，取下机头，把煮好的豆浆倒入滤网，滤取豆浆，将滤好的豆浆倒入杯中即可。

3

4

 小·贴士

玉米含有蛋白质、维生素 E、亚油酸、膳食纤维、钙、磷等营养成分，具有促进大脑发育、降血脂、降血压、增强免疫力、软化血管等功效。

木瓜炖奶

扫一扫看视频

材料：

木瓜 1 个，白糖 60 克，牛奶 80 毫升

 **小·贴士**

牛奶中的镁元素会促进心脏和神经系统的耐疲劳性，保证婴儿健康成长；牛奶还能润泽肌肤，经常饮用可使皮肤白皙光滑，增加弹性。

做法：

❶ 木瓜选一侧作为底座，切平整，另一侧切开一个盖子，待用。

❷ 用勺子将木瓜瓤挖掉，制成木瓜盅，把牛奶倒入木瓜盅内。

❸ 放入白糖，盖上盖子，制成生坯。

❹ 把生坯放入烧开的蒸锅，炖 15 分钟，取出即可。

葡萄菠萝奶

扫一扫看视频

材料：

葡萄 145 克，橙子 45 克，菠萝肉 65 克，
牛奶 200 毫升

调料：

白糖适量

小·贴士

菠萝含有果糖、葡萄糖、维
生素、柠檬酸、蛋白酶、磷
等营养成分，具有促进新陈
代谢、增强免疫力、消暑止
渴等功效。

做法：

1

2

3

4

❶ 洗净的葡萄切开，
去籽；洗好的菠萝
肉切小块；洗净的
橙子切成小瓣，去
除果皮，将果肉切
成小块。

❷ 取榨汁机，倒入葡
萄、菠萝、橙子，
注入牛奶。

❸ 盖上盖，选择"榨
汁"功能，榨取
果汁。

❹ 倒出果汁，加入白
糖，搅拌匀至其溶
化即可。

藕粉糊

扫一扫看视频

材料：

藕粉 120 克

·小·贴士

藕粉含有植物蛋白质、维生素、淀粉、铁、钙等营养成分，具有清热凉血、补益气血、健脾开胃、通便止泻等功效。

做法：

❶ 将藕粉倒入碗中，倒入清水，拌匀，调成藕粉汁。

❷ 砂锅中注入清水烧开。

❸ 倒入调好的藕粉汁，边倒边搅拌，至其呈糊状。

❹ 略煮片刻，盛出煮好的藕粉糊即可。

材料：

水发大米130克，菠菜50克

做法：

1. 锅中注入清水烧开，放入洗净的菠菜，焯煮一会儿，至其变软后捞出，沥干水分，放凉后切成碎末。

2. 奶锅中注水烧开，放入洗净的大米，搅散，煮约35分钟至煮成粥，搅动几下，盛出，装在碗中，加入菠菜碎，拌匀，调成菠菜粥。

3. 备好榨汁机，倒入菠菜粥，盖好盖子，选择"榨汁"功能，待机器运转约40秒，搅碎食材，倒出榨好的菠菜糊，滤在碗中。

4. 奶锅置于旺火上，倒入菠菜糊，拌匀，煮沸，盛入碗中，稍微冷却后即可食用。

小·贴士

菠菜中含有膳食纤维、维生素C、维生素E以及铁、钙、磷等营养成分，能供给人体多种营养物质，对缺铁性贫血也有较好的辅助治疗作用。

菠菜糊

核桃糊

扫一扫看视频

材料：

米碎 70 克，核桃仁 30 克

小·贴士

核桃仁营养价值极高，含有脂肪油、蛋白质、胡萝卜素、维生素、钙、磷、铁、镁、锌等成分，有温肺定喘的作用。幼儿食用核桃仁，对小儿咳嗽等症有食疗作用。

做法：

❶ 取来榨汁机，倒入米碎、清水，盖好盖子，搅拌片刻，取出拌好的米碎，制成米浆，倒出。

❷ 把洗好的核桃仁放入榨汁机中，注入清水，盖上盖子，搅拌片刻，倒出拌好的核桃仁，制成核桃浆。

❸ 汤锅置于火上加热，倒入核桃浆。

❹ 放入米浆，拌匀，续煮片刻至食材熟透，盛出煮好的核桃糊，放在小碗中即可。

红豆奶糊

扫一扫看视频

材料：

水发红豆 120 克，椰浆 80 毫升，
配方奶粉 15 克，冰糖 25 克

·小·贴士

红豆富含蛋白质、B 族维生素及膳食纤维，
有健胃生津、化湿补脾之功效，对脾胃虚
弱的宝宝比较适合；红豆还含有丰富的铁，
具有较强的补血作用。幼儿食用红豆，能
强化体力、增强机体的免疫能力。

做法：

❶ 取榨汁机，把红豆
放入杯中，选择
"干磨"功能，把
红豆磨成粉末，并
将磨好的红豆装入
碗中。

❷ 汤锅中加入清水烧
开，加入冰糖。

❸ 倒入红豆末，拌
匀，煮 15 分钟至
红豆糊浓稠。

❹ 加入椰浆、配方奶
粉，搅拌至煮沸，
将煮好的红豆奶
糊盛入碗中即可。

红薯米糊

扫一扫看视频

材料：

去皮红薯 100 克，燕麦 80 克，水发大米 100 克，姜片少许

小·贴士

燕麦具有健脾、益气、补虚、止汗、养胃、润肠的功效。燕麦不仅能预防动脉硬化、脂肪肝、糖尿病、冠心病，而且对便秘以及水肿等很好的辅助治疗作用。

做法：

❶ 洗净的红薯切成块。

❷ 取豆浆机，倒入燕麦、红薯、姜片、大米、清水。

❸ 盖上豆浆机机头，选择"快速豆浆"选项，待豆浆机运转 20 分钟，即成米糊。

❹ 将豆浆机断电，将煮好的红薯米糊倒入碗中，待凉后即可食用。

材料：

水发糯米 180 克，红枣干 35 克

做法：

1. 将洗净的红枣干切小瓣，去核，备用。
2. 砂锅中注入适量清水烧开，倒入备好的糯米、红枣，拌匀。
3. 盖上锅盖，煮开后用小火煮 40 分钟至食材熟透。
4. 揭开锅盖，搅拌均匀，关火后盛出煮好的糯米糊，装碗即可。

小·贴士

糯米含有蛋白质、碳水化合物、维生素 B_1、维生素 B_2、烟酸、钙、磷、铁等营养成分，具有补中益气、健脾养胃等功效。

红枣糯米糊

扫一扫看视频

胡萝卜糊

材料：

胡萝卜碎100克，粳米粉80克

小·贴士

胡萝卜含有膳食纤维、胡萝卜素、B族维生素、蔗糖、葡萄糖、淀粉以及钾、钙、磷等营养成分，具有开胃消食、提高机体免疫力、保护视力等作用。

做法：

❶ 备好榨汁机，倒入胡萝卜碎，注入清水，盖好盖子。

❷ 待机器运转约1分钟，搅碎食材，榨出胡萝卜汁，倒出汁水，装在碗中。

❸ 把粳米粉装碗中，倒入榨好的汁水，搅拌，调成米糊。奶锅置于旺火上，倒入米糊，拌匀。

❹ 煮约2分钟，使食材成浓稠的黏糊状，盛入小碗中，稍微冷却后食用即可。

花生小米糊

扫一扫看视频

材料：

花生 50 克，小米 85 克

调料：

食粉少许

·小·贴士·

花生含有丰富的碳水化合物、维生素及卵磷脂、钙、铁等营养元素，具有健脾和胃、润肺化痰、理气之功效，可健脑益智、提高记忆力，适合幼儿食用。

做法：

❶ 锅中倒入清水，加入食粉、花生，煮 2 分钟至熟，把煮好的花生捞出。

❷ 将花生放入清水中，去掉红衣，把去好皮的花生压碎，压烂，装入碟中。

❸ 取榨汁机，把花生倒入杯中，选择"干磨"功能，把花生磨成末，倒入盘中。

❹ 汤锅中注水烧开，倒入洗好的小米，拌匀，煮 30 分钟至小米熟烂，倒入花生末，拌匀，煮沸，把煮好的米糊盛出，装入碗中即可。

草莓香蕉奶糊

扫一扫看视频

材料：

草莓 80 克，香蕉 100 克，酸奶 100 克

小·贴士

香蕉内含丰富的可溶性纤维，也就是果胶，可帮助消化，调整肠胃机能，还能缓和胃酸的刺激，保护胃黏膜，对预防宝宝便秘、腹泻等有很好的食疗作用。

做法：

1

2

3

4

❶ 将洗净的香蕉切去头尾，剥去果皮，切成条,改切成丁;洗好的草莓去蒂，对半切开。

❷ 取榨汁机，选择搅拌刀座组合，倒入草莓、香蕉。

❸ 加入适量酸奶，盖上盖。

❹ 选择"榨汁"功能，榨取果汁，将榨好的果汁奶糊装入杯中即可。

蛋黄青豆糊

扫一扫看视频

材料：

鸡蛋1个，青豆65克

调料：

盐2克，水淀粉适量

小·贴士

青豆不仅蛋白质含量丰富，而且包括了人体必需的8种氨基酸。此外，它还含有丰富的维生素C，能抗坏血病，提高幼儿的免疫机能。

做法：

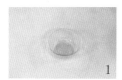

❶ 鸡蛋打开，取蛋黄备用。

❷ 取榨汁机，把洗好的青豆倒入杯中，加入清水，选择"搅拌"功能，榨取青豆汁，倒入碗中。

❸ 将青豆汁倒入汤锅，煮沸，加入盐，拌匀调味。

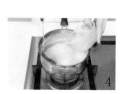

❹ 倒入水淀粉、蛋黄，拌匀，煮沸，把煮好的蛋黄青豆糊盛出，装入碗中即可。

红薯糊

扫一扫看视频

材料：

红薯丁 80 克，粳米粉 65 克

 **小·贴士**

红薯含有淀粉、果胶、纤维素、维生素及多种矿物质，具有补虚、健脾开胃、强肾、提高免疫力等作用。

做法：

❶ 将粳米粉放在碗中，加入清水、红薯丁，搅匀，制成红薯米糊。

❷ 奶锅中注入水烧热，倒入红薯米糊，搅匀，煮至食材熟软，盛入碗中。

❸ 备好榨汁机，倒入红薯米糊，选择"榨汁"功能，待机器运转约 40 秒，搅碎食材，倒出榨好的红薯米糊，装在碗中。

❹ 奶锅置于旺火上，倒入红薯米糊，用勺子拌匀，煮沸，盛入碗中，稍微冷却后食用即可。

莲子奶糊

扫一扫看视频

材料：

水发莲子 10 克，牛奶 400 毫升

调料：

白糖 3 克

·小·贴士

莲子含有膳食纤维、碳水化合物、莲心碱、蛋白质、钙、磷、钾、铁盐等成分，具有补脾止泻、养心安神、促进凝血等功效。

做法：

❶ 取豆浆机，倒入莲子、牛奶，加入白糖。

❷ 盖上机头，按"选择"键，选择"米糊"选项，再按"启动"键开始运转。

❸ 待豆浆机运转约20分钟，即成奶糊。

❹ 将豆浆机断电，取下机头，将煮好的奶糊倒入碗中，待凉后即可食用。

嫩南瓜糯米糊

扫一扫看视频

材料：

糯米粉 40 克，嫩南瓜 55 克

小·贴士

南瓜含有膳食纤维、胡萝卜素、维生素 C、维生素 D 以及钙、磷、铁、锌等营养成分，具有保护胃黏膜、促进消化、补充钙质、强壮筋骨等作用。

做法：

❶ 将洗净的嫩南瓜去皮、去瓜瓤，再切丝，改切成丁。

❷ 锅置火上，放入切好的嫩南瓜，拌匀，至其变软。

❸ 倒入糯米粉、清水，调匀，盛出，滤在碗中，制成米糊。

❹ 另起锅，倒入米糊，煮约 6 分钟，边煮边搅拌，至食材成浓稠的糊状，盛出，装碗中即可。

苹果糊

材料：

水发糯米 130 克，苹果 80 克

小贴士

糯米含有蛋白质、B 族维生素、淀粉、碳水化合物、钙、磷、铁等营养成分，具有健脾养胃、止虚汗等功效。

做法：

❶ 将去皮洗净的苹果去除果核，再切片，改切小块。

❷ 奶锅中注入清水烧开，放入糯米，搅散，煮约 40 分钟，至米粒变软，盛入碗中，放凉后倒入苹果块，搅匀，制成苹果粥。

❸ 备好榨汁机，倒入苹果粥，盖好盖子，搅碎食材，倒出苹果糊，装在碗中。

❹ 奶锅置于旺火上，倒入苹果糊，边煮边搅拌，待苹果糊沸腾后关火，盛入小碗中，稍微冷却后食用即可。

芝麻米糊

扫一扫看视频

材料：

粳米 85 克，白芝麻 50 克

小·贴士

粳米具有养阴生津、除烦止渴、健脾胃、补中气、固肠止泻、补虚的功效，对于脾胃虚弱、营养不良、气虚无力的小儿有良好的食疗效果。

做法：

❶ 烧热炒锅，倒入洗净的粳米，炒至米粒呈微黄色，倒入白芝麻，炒出芝麻的香味，盛出炒制好的食材。

❷ 取来榨汁机，倒入炒好的食材，盖上盖子，磨一会至食材呈粉状，取出磨好的食材，制成芝麻米粉。

❸ 汤锅中注入适量清水，大火烧开。

❹ 放入芝麻米粉，搅拌，煮片刻至食材呈糊状，盛出煮好的芝麻米糊，放在小碗中即成。

草莓土豆泥

扫一扫看视频

材料：

草莓 35 克，土豆 170 克，牛奶 50 毫升

调料：

黄油、奶酪各适量

 **小·贴士**

草莓含有维生素、柠檬酸、胡萝卜素、钙、镁、磷、钾、铁等营养成分，具有养肝明目、润肺生津、促进消化等功效。

做法：

❶ 将洗净去皮的土豆切成薄片；洗好的草莓去蒂，切成薄片，剁成泥。

❷ 蒸锅注水烧开，放入准备好的土豆片。

❸ 在土豆片上放入少许黄油，蒸 10 分钟，取出蒸好的食材。

❹ 把土豆片倒入碗中，捣成泥状，放入奶酪拌匀，注入牛奶，取小碗，盛入拌好的材料，点缀上草莓泥即可。

蛋黄泥

扫一扫看视频

材料：

鸡蛋 4 个，配方奶粉 15 克

小·贴士

蛋黄含有不饱和脂肪酸、卵磷脂、维生素 A、磷、铁等营养成分，具有保护眼睛、增强免疫力等功效。

做法：

❶ 砂锅中注水烧热，放入鸡蛋，煮 3 分钟，至鸡蛋熟透。

❷ 揭开锅盖，捞出鸡蛋，放入凉水中。

❸ 将放凉的鸡蛋去壳，剥去蛋白，留取蛋黄。

❹ 把蛋黄装入碗中，压成泥状，将温开水倒入奶粉中，拌至完全溶化，倒入蛋黄中，拌匀，装入碗中即可。

燕麦南瓜泥

扫一扫看视频

材料：

南瓜 250 克，燕麦 55 克

调料：

盐少许

 小·贴士

南瓜含有多种氨基酸，其中有 8 种是人体所必需的，还有幼儿所需的组氨酸。它所含的亚麻油酸、卵磷脂等能够促进婴幼儿大脑的发育和骨骼的发育。此外，南瓜富含的糖、淀粉、磷、铁，还可以给宝宝补血，防止缺铁性贫血的出现。

做法：

 1
 2
 3
 4

❶ 将去皮洗净的南瓜切片；燕麦装入碗中，加入清水浸泡一会。

❷ 蒸锅置于旺火上烧开，放入南瓜、燕麦，蒸 5 分钟至燕麦熟透，将蒸好的燕麦取出，待用。

❸ 继续蒸 5 分钟至南瓜熟软，取出蒸熟的南瓜。

❹ 取玻璃碗，将南瓜倒入其中，加入适量盐、燕麦，搅拌1 分钟至成泥状，将做好的燕麦南瓜泥盛入另一个碗中即可。

火龙果葡萄泥

扫一扫看视频

材料：

葡萄 100 克，火龙果 300 克

做法：

❶ 洗好的火龙果切去头尾，切成瓣，去皮，再切成小块，待用。

❷ 取榨汁机，选择搅拌刀座组合。

❸ 榨汁机中倒入备好的火龙果、葡萄。

❹ 盖上盖，选择"榨汁"功能，榨成果泥，断电后将果泥倒出即可。

奶香土豆泥

扫一扫看视频

材料：

土豆 250 克，配方奶粉 15 克

小·贴士

配方奶粉营养全面，婴儿容易
消化吸收，有助于预防婴儿缺
铁性贫血，维持宝宝胃肠道正
常功能，减少腹泻和便秘，提
高免疫力，让宝宝少生病。

做法：

❶ 将适量开水倒入
配方奶粉中，搅
拌均匀。

❷ 洗净去皮的土豆切
成片，待用。

❸ 蒸锅上火烧开，
放入土豆，蒸 30
分钟至其熟软，
将土豆取出，用
刀背将土豆压成
泥，放入碗中。

❹ 再将调好的配方奶
倒入土豆泥中，拌
匀，将做好的土豆
泥倒入碗中即可。

南瓜泥

材料：

南瓜 200 克

小·贴士

南瓜含有膳食纤维、胡萝卜素、维生素、锌、钙、磷等营养成分，具有健脾养胃、保护视力等功效。

做法：

 1
 2
 3
 4

❶ 洗净去皮的南瓜切成片，放入蒸碗中。

❷ 蒸锅上火烧开，放入装好食材的蒸碗。

❸ 蒸 15 分钟至熟，取出蒸碗，放凉。

❹ 取大碗，倒入蒸好的南瓜，压成泥，另取小碗，盛入做好的南瓜泥即可。

牛奶紫薯泥

扫一扫看视频

材料：

配方奶粉 15 克，紫薯 150 克

小·贴士

紫薯含有碳水化合物、果胶、纤维素、维生素 C、花青素、硒等营养成分，具有改善视力、增强免疫力、润肠通便等功效。

做法：

1

2

3

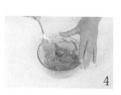
4

❶ 洗净去皮的紫薯切成滚刀块，待用。

❷ 蒸锅上火烧开，放入紫薯块，蒸 30 分钟至其熟软，取出紫薯。

❸ 把放凉的紫薯放在砧板上，用刀按压成泥，装盘。

❹ 将温开水倒入奶粉中，搅拌至完全溶化，再将紫薯泥倒入拌好的奶粉中，拌匀，装入盘中即可。

苹果红薯泥

扫一扫看视频

材料：

苹果 90 克，红薯 140 克

 小·贴士

苹果富含膳食纤维和维生素C，能抗氧化，防止便秘。苹果还含有有机酸和果胶质，这两种物质能起到保护牙齿、防止蛀牙和牙龈炎的作用。

做法：

❶ 将去皮洗净的红薯切瓣；去皮洗好的苹果切成瓣，去核，改切成小块。

❷ 把装有红薯的盘子放入烧开的蒸锅中，再放入苹果，蒸 15 分钟至熟，将蒸熟的苹果、红薯取出。

❸ 把红薯放入碗中，用勺子把红薯压成泥状，倒入苹果，压烂，拌匀。

❹ 取榨汁机，把苹果红薯泥舀入杯中，选择"搅拌"功能，将苹果红薯泥搅匀，装入碗中即可。

土豆红薯泥

扫一扫看视频

材料：

熟土豆 200 克，熟红薯 150 克，蒜末、
葱花各少许

调料：

盐 2 克，鸡粉 2 克，芝麻油适量

 小·贴士

土豆具有和胃调中、健脾益气、
补血强肾等多种功效。土豆富
含维生素、钾、纤维素等，可
预防癌症和心脏病，帮助通便，
并能增强机体免疫力。

做法：

1

2

3

4

❶ 将熟土豆、熟红薯
装入保鲜袋中，用
擀面杖将其擀制碾
压成泥状。

❷ 将泥状食材装入碗
中，用筷子打散。

❸ 加入备好的蒜末，
用筷子搅拌均匀。

❹ 加入盐、鸡粉、
芝麻油，拌匀，
将拌好的食材装
入碗中，撒上葱
花即可。

香梨泥

扫一扫看视频

材料：

香梨 150 克

·小·贴士

香梨含有维生素 C、B 族维生素、碳水化合物、膳食纤维等营养成分，具有保护心脏、增进食欲、生津止渴等功效。

做法：

❶ 洗好的香梨去皮，切开，去核，再切成小块。

❷ 取榨汁机，选择搅拌刀座组合。

❸ 倒入切好的香梨。

❹ 盖上盖，选择"榨汁"功能，榨取果泥，将榨好的果泥倒入盘中即可。

芋头玉米泥

扫一扫看视频

材料：

香芋 150 克，鲜玉米粒 100
克，配方奶粉 15 克

调料：

白糖 4 克

小·贴士

玉米含有丰富的叶黄素和玉米黄质，能够保
护眼睛。这两种物质凭借其强大的抗氧化作
用，可以吸收进入眼球内的有害光线，保持
视力的健康。因此，在宝宝的辅食中适量添
加一些玉米，对宝宝的健康成长尤为重要。

做法：

❶ 将去皮洗净的香芋
切成片，备用。

❷ 把香芋片、玉米放
入烧开的蒸锅中，蒸
10 分钟至食材熟透，
取出，把熟香芋倒在
砧板上，用刀压成末。

❸ 取榨汁机，把玉
米粒倒入杯中，加入
奶粉，选择"搅拌"
功能，将玉米粒搅打
成泥状，把打好的玉
米泥倒入碗中。

❹ 汤锅中注入清水，
倒入玉米泥、白糖、
香芋泥，搅拌 1 分
30 秒，煮成芋头玉
米泥，倒入碗中即成。

橘子稀粥

扫一扫看视频

材料：

水发米碎 90 克，橘子果肉 60 克

小·贴士

橘子含有碳水化合物、柠檬酸、枸橼酸、果胶、胡萝卜素、纤维素及矿物质，具有开胃理气、止渴、润肺等功效。

做法：

❶ 取榨汁机，放入橘子肉、温开水，选择"榨汁"功能，榨取果汁，倒出果汁，滤入碗中。

❷ 砂锅中注入清水烧开，倒入洗净的米碎，拌匀。

❸ 盖上盖，烧烤后用小火煮约 20 分钟至其熟透。

❹ 揭盖，倒入橘子汁，拌匀，煮约 2 分钟至沸腾，盛出煮好的橘子稀粥即可。

甜南瓜稀粥

扫一扫看视频

材料：

米碎 60 克，南瓜 75 克

 **小·贴士**

南瓜含有胡萝卜素、维生素、果胶、钴、锌、钾等营养成分，具有维持正常视力、促进骨骼发育、清热解毒等功效。

做法：

❶ 洗好去皮的南瓜切成小块，待用。

❷ 把南瓜块装入蒸盘中，放入烧开的蒸锅，蒸 20 分钟至其熟软，取出南瓜，放凉后压碎，碾成泥。

❸ 砂锅中注入适量清水烧开，倒入米碎，搅散，煮 20 分钟至熟。

❹ 倒入南瓜泥，搅匀，使其与米粥混合均匀，盛出煮好的南瓜稀粥即可。

土豆稀粥

扫一扫看视频

材料：

米碎 90 克，土豆 70 克

小贴士

土豆含有蛋白质、膳食纤维、维生素 B_1、维生素 B_2、维生素 C、钙、磷、镁、钾等营养成分，具有促进胃肠蠕动、通便排毒等功效。

做法：

❶ 将洗净去皮的土豆切成小块，待用。

❷ 将土豆块放在蒸盘中，蒸锅上火烧开，放入蒸盘，蒸20分钟至土豆熟软，取出放凉，碾成泥状。

❸ 砂锅中注入清水烧开，倒入米碎，拌匀，煮20分钟至米碎熟透。

❹ 倒入土豆泥，拌匀，继续煮5分钟，盛出煮好的稀粥，装碗即成。

幼儿（1~3岁）的营养菜

　　父母供给的食物一定要结合孩子的年龄、消化功能等特点，营养素要齐全，其量和比例要恰当。1~3岁幼儿的食物已接近成人食物，但食物不宜过于精细、过于油腻以及带有刺激性，调味品不宜过重。此时期供给幼儿的食品最好能品种多样，并且做到色、香、味俱佳，以增强幼儿食欲。

一 1～3岁幼儿的饮食安排要点

宝宝从满1周岁后至满3周岁成为幼儿期，这个时期也是孩子生长发育非常旺盛的时期。此时期的宝宝，生理功能日趋完善，对外界环境逐渐适应，乳牙渐已长出，语言、动作及思维活动的发展迅速。因此，妈妈要根据幼儿的年龄特点、生长发育规律和季节变化，合理选择和搭配食物，做到合理喂养、健康营养。

1 1～3岁幼儿的饮食特点

1岁以后的宝宝，刚刚断奶甚至或未完全断奶，他们吃的食物可能已经和大人一样了，但因为他们牙齿尚未发育完全，咀嚼固体食物（特别是肉类）的能力有限，所以就会限制蛋白质的摄入。因此，刚过1岁的宝宝，不一定能从固体食物中摄取到足够的蛋白质，所以饮食上还应该注意摄取奶类，奶类食品仍是他们重要的营养来源之一。美国权威儿科组织建议，此时奶类与固体食物的比例应为40：60。按照这个比例计算，每天大约需要给宝宝提供奶类500毫升。

2 1～3岁幼儿健康饮食原则

1 正确选择食物品种喂养

1岁后，宝宝身体生长发育仍然需要多种营养素，要保证足够营养素的摄取，必须给宝宝提供多种多样的食物。因此，给宝宝的食物搭配要合适，要有干有稀，有荤有素，饭菜要多样化。比如，主食要轮换着吃软饭、面条、馒头、包子、饺子、馄饨、菜卷等。给宝宝准备饮食时要注意利用蛋白质的互补作用。如，可用肉、豆制品、蛋、蔬菜等混合做菜，一种菜里可同时放两三种蔬菜，还可在午饭或早点时吃些蒸胡萝卜、卤猪肝、豆制品等，以刺激宝宝的食欲。

2 合理搭配各餐营养比例

合理搭配各餐营养比例，要按照"早餐要吃好，午餐要吃饱，晚餐要吃少"的营养比例，把食物合理安排到各餐中去。各餐占总热量的比例一般为早餐占25%～30%，午餐占40%，午点占10%～15%，晚餐占20%～30%。早餐除进食主食外，还要加些乳类、蛋类和豆制品、青菜、肉类等食物。午餐进食量应高于其他各餐。这是因为宝宝已活动了一个上午，下午时间长，需要更多的能量供应。另外，宝宝身体对蛋白质的需求量也很大，所以需要多补充些蛋白质。

3 制作适合宝宝生长发育特点的食物

随着年龄的增长，宝宝的牙齿逐渐出齐了，但他们的肠胃消化能力相对还较弱，因此，食物制作上一定要注意软、烂、碎，以适应宝宝的消化能力。给宝宝烹调食物时，要注意避免食物油腻、过硬、味道过重、辛辣上火；不能根据大人的口味和喜好给宝宝准备食物，而要以天然、清淡为原则。其次，由于添加过多的盐和糖会增加宝宝肾脏的负担，损害其功能，并使其养成日后嗜盐或嗜糖的不良习惯，应注意避免。而添加调味品、味素及人工色素等尤为不宜，这样都会影响宝宝的健康。但是烹饪时也不必刻意将食物煮得过软，菜切得过细。实际上这个阶段宝宝的咀嚼能力已经得到长足发展，应该鼓励宝宝尽快适应成人的食物。此外，还要注意食物的色、香、味俱全，以提高宝宝的食欲。

4 科学喂养

宝宝的胃比成年人小，不能像大人那样一餐进食很多。另一方面，宝宝对营养的需求量却比大人多，因此，每天进餐次数不能像大人那样以一日三餐为标准，应该进餐次数多一些。1至1岁半的宝宝，每天进餐5～6次，即早、中、晚三餐加上午、下午点心各1次比较适宜。在临睡前增加1次晚点心，但加餐的点心不宜太多，以免影响正餐进食量。

5 让宝宝和家人一起进餐

如果让宝宝与家人一起进餐，不仅可使他们获得必需的营养，同时还可让他们学到一些均衡营养，以及怎样去与别人分享食物的常识，对帮助宝宝养成良好的就餐习惯很有帮助。

包菜萝卜粥

扫一扫看视频

材料：

水发大米 120 克，包菜 30 克，白萝卜 50 克

做法：

❶ 将洗好的包菜切碎；洗净去皮的白萝卜切成碎末。

❷ 砂锅中注入清水烧开，倒入洗净的大米，搅匀。

❸ 盖上盖，烧开后转小火煮约 40 分钟，至米粒熟软。

❹ 揭盖，倒入白萝卜碎、包菜碎，拌匀，煮至食材熟透，盛入碗中即可。

草鱼干贝粥

扫一扫看视频

材料：

大米 200 克，草鱼肉 100 克，水发干贝 10 克，姜片、葱花各少许

调料：

盐 2 克，鸡粉 3 克，水淀粉适量

·小·贴士

干贝含有蛋白质、维生素 B$_2$、维生素 E、钙、磷、铁 等营养成分，具有益气补血、降血压、滋阴补肾等功效。

做法：

❶ 处理好的草鱼肉切薄片。

❷ 放入碗中，加入盐、水淀粉，拌匀，腌渍 10 分钟至其入味。

❸ 砂锅中注入清水烧开，倒入洗好的大米，拌匀，小火煮 20 分钟。

❹ 倒入干贝、姜片，拌匀，续煮 30 分钟，放入草鱼肉、盐、鸡粉，拌匀，略煮片刻，盛出煮好的粥，装入碗中，撒上葱花即可。

材料：

糙米、粳米、糯米各60克，胡萝卜100克

调料：

盐少许

做法：

❶ 将去皮洗净的胡萝卜对半切开，切成丁。

❷ 取榨汁机，倒入糙米、糯米、粳米，选择"干磨"功能，将糙米、粳米磨好，倒出磨好的米碎。

❸ 选择搅拌刀座组合，杯中放入胡萝卜丁，倒入清水，选择"搅拌"功能，榨取胡萝卜汁，将榨好的胡萝卜汁倒入碗中。

❹ 把胡萝卜汁倒入汤锅中，加入米碎，煮沸，继续搅拌1分30秒，煮成米糊，放入盐，拌至完全入味，盛出煮好的米糊，装入碗中即可。

小·贴士

糯米补养体气，主要功能是温补脾胃，还能够缓解气虚所导致的盗汗，劳动损伤后气短乏力等症状。

糙米糯米胡萝卜粥

扫一扫看视频

蛋花麦片粥

扫一扫看视频

材料：

鸡蛋1个，燕麦片
50克

调料：

盐2克

1

2

3

4

做法：

1 将鸡蛋打入碗中，用筷子打散，调匀。

2 锅中注入清水烧热，倒入燕麦片，拌匀。

3 盖上盖，煮20分钟至燕麦片熟烂。

4 揭盖，倒入蛋液、盐，拌匀煮沸，将锅中煮好的粥盛出，装
入碗中即可。

 **小·贴士**

鸡蛋含有丰富的维生素、矿物质及有高生物价值的蛋白质，其氨基酸组成与人体需要
的比较接近，有助于增进神经系统的功能，是幼儿较好的健脑益智食物。

枸杞蛋花粥

扫一扫看视频

材料：

大米 250 克，枸杞 3 克，鸡蛋 1 个，葱花少许

调料：

盐 1 克

做法：

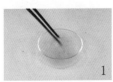

❶ 取碗，打入鸡蛋，搅散，制成蛋液。

❷ 砂锅中注入清水烧开，倒入洗好的大米，煮 40 分钟。

❸ 倒入枸杞，煮约 10 分钟至食材熟透。

❹ 加入盐，拌匀，往锅中缓缓倒入蛋液，搅拌，盛出煮好的粥，装入碗中，撒上葱花即可。

核桃蔬菜粥

扫一扫看视频

材料：

胡萝卜 120 克，豌豆 65 克，核桃粉 15 克，
水发大米 120 克，白芝麻少许

调料：

芝麻油少许

小·贴士

核桃含有蛋白质、B 族维生
素、叶酸、铜、镁、钾、磷
等营养成分，具有增强免疫
力、健脑益智等功效。

做法：

❶ 洗好去皮的胡萝卜切段；锅中注入清水烧开，倒入胡萝卜、豌豆，煮约 3 分钟，至其断生，捞出，沥干水分。

❷ 将放凉的胡萝卜切碎，剁成末；把放凉的豌豆切碎，剁成细末。

❸ 砂锅中注入清水烧开，倒入洗净的大米，搅拌片刻，煮约 20 分钟至大米熟软。

❹ 倒入豌豆、胡萝卜、白芝麻，拌匀，续煮至食材熟透，加入核桃粉、芝麻油，搅匀，盛出煮好的粥即可。

材料：

鸡胸肉85克，胡萝卜40克，水发大米100克，葱花少许

调料：

盐3克，鸡粉少许，水淀粉6毫升，食用油7毫升

做法：

① 将去皮洗净的胡萝卜切细丝；洗净的鸡胸肉切肉丝。

② 把鸡肉丝放入碗中，加入盐、鸡粉、水淀粉、食用油，拌匀，腌渍约10分钟至入味。

③ 锅中注入清水烧开，倒入洗净的大米，搅拌几下，煮约30分钟至米粒熟软。

④ 加入胡萝卜丝、鸡肉丝，搅动食材，续煮至全部食材熟透，放入盐、鸡粉，煮入味，盛出煮好的粥，放在碗中，撒上葱花即成。

小·贴士

胡萝卜富含碳水化合物、挥发油、胡萝卜素、维生素B_1、维生素B_2、花青素、钙、铁等营养成分，有健脾和胃、补肝明目之功效。幼儿食用胡萝卜，还有润肺止咳的作用。

鸡丝粥

扫一扫看视频

小米鸡蛋粥

扫一扫看视频

材料：

小米 300 克，鸡蛋 40 克

调料：

盐、食用油各适量

做法：

❶ 砂锅中注入清水烧热，倒入小米，搅拌片刻。

❷ 盖上锅盖，烧开后转小火煮 20 分钟至熟软。

❸ 掀开锅盖，加入少许盐、食用油，搅匀调味。

❹ 打入鸡蛋，煮 2 分钟，将煮好的粥盛出装入碗中。

 小·贴士

鸡蛋含有卵磷脂、胆固醇、蛋黄素、钙、磷、铁、维生素 A 等成分，具有补充钙质、增强免疫力等功效。

玉米燕麦粥

扫一扫看视频

材料：

玉米粉 100 克，燕麦片 80 克

 **小·贴士**

玉米有开胃益智、宁心活血、调理中气等功效，还能降低血脂、延缓人体衰老、预防脑功能退化、增强记忆力。

做法：

❶ 取一碗，倒入玉米粉，注入适量清水，搅拌均匀，制成玉米糊。

❷ 砂锅中注入适量清水烧开，倒入燕麦片，加盖，大火煮3分钟至熟。

❸ 揭盖，加入玉米糊，拌匀，稍煮片刻至食材熟软。

❹ 关火后将煮好的粥盛出，装入碗中即可。

松子银耳稀饭

扫一扫看视频

材料：
松子 30 克，水发银耳 60 克，软
饭 180 克

调料：
盐少许

小·贴士

松仁含有大量的维生素 E、脂肪酸，还
含有丰富的铁、锌等营养元素，是健脑
的好食品，宝宝常食有健脑益智的功效。
此外，松仁的脂肪含量虽然高，但很容
易消化，身体较瘦弱的宝宝可多食用。

做法：

❶ 烧热炒锅，倒入松
子，炒香，把炒好
的松子盛出。

❷ 选榨汁机，将炒好
的松子倒入杯中，
磨成粉末，装入小
碟中；把泡发洗好
的银耳去除根部，
切小块。

❸ 汤锅中注入清水，
倒入银耳，煮沸。

❹ 倒入软饭，拌匀，
煮 20 分钟至软烂，
加入松子粉、盐，
拌匀，把煮好的稀
饭盛出，装入碗中
即可。

材料：

菠菜 90 克，洋葱 50 克，牛奶 100 毫升

做法：

1. 锅中注入清水烧开，放入洗净的菠菜，焯煮约半分钟至断生，捞出沥干水分。
2. 将洗净的洋葱切成颗粒状，把放凉的菠菜切碎，剁成末。
3. 取榨汁机，倒入洋葱粒、菠菜，盖上盖子，选择"干磨"功能，把食材磨至细末状，取出磨好的食材，即成蔬菜泥。
4. 汤锅中注入清水烧热，放入蔬菜泥，拌匀，煮沸，倒入牛奶，拌匀，煮片刻至牛奶将沸，盛出煮好的羹汁，装在碗中即成。

小·贴士

洋葱含有膳食纤维、矿物质、维生素等营养成分，能较好地调节神经、增强记忆力。同时，洋葱含有的挥发成分有刺激食欲、帮助消化和促进吸收等功能。

菠菜洋葱牛奶羹

扫一扫看视频

菠萝莲子羹

扫一扫看视频

材料：

水发莲子 150 克，菠萝 55 克，太子参少许

调料：

冰糖、水淀粉各适量

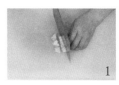
1

2

3

4

做法：

❶ 洗净的菠萝肉切片，切条，改切成丁块。

❷ 砂锅中注水烧热，倒入太子参、莲子，煮约 20 分钟。

❸ 倒入冰糖，续煮约 5 分钟，至其溶化。

❹ 倒入菠萝、水淀粉，煮至汤汁浓稠，盛出汤羹装入碗中即可。

 小·贴士

菠萝含有碳水化合物、膳食纤维、维生素 C、维生素 B_1、钙、磷、铁等营养成分，具有开胃消食、生津止渴等功效。

橙子南瓜羹

扫一扫看视频

材料：

南瓜 200 克，橙子 120 克

调料：

冰糖适量

 **小贴士**

南瓜含有膳食纤维、胡萝卜素、维生素C等营养成分，可以健脾、护肝、防治夜盲症，还能使皮肤变得细嫩。

做法：

1

2

3

4

❶ 洗净去皮的南瓜切片；洗好的橙子切去头尾，切开，切取果肉，再剁碎。

❷ 蒸锅上火烧开，放入南瓜片，蒸至南瓜软烂。

❸ 揭开锅盖，取出南瓜片，将放凉的南瓜放入碗中，捣成泥状。

❹ 锅中注水烧开，倒入冰糖、南瓜泥、橙子肉，煮1分钟，撇去浮沫，盛出煮好的食材，装入碗中即可。

豆腐牛肉羹

扫一扫看视频

材料：

牛肉 90 克，豆腐 80 克，鸡蛋 1 个，
鲜香菇 30 克，姜末、葱花各少许

调料：

盐少许，料酒 3 毫升，水淀粉、食
用油各适量

小贴士

牛肉属高蛋白、低脂肪的食品，其富
含多种氨基酸和矿物质，具有消化、
吸收率高的特点。牛肉还含有丰富的
维生素 B_6，幼儿经常食用可增强免疫
力，促进蛋白质的新陈代谢和合成。

做法：

❶ 将洗好的豆腐切
丁；洗净的香菇切
粒；洗好的牛肉剁
成肉末；把鸡蛋打
入碗中，调匀。

❷ 锅中注水烧开，倒
入豆腐、香菇，煮
1 分钟至断生，把
煮好的豆腐和香
菇捞出。

❸ 用油起锅，放入
姜末，爆香，倒
入牛肉粒、料酒、
清水、豆腐、香菇、
盐，炒匀，煮约 1
分钟至熟。

❹ 捞出锅中浮沫，加
入水淀粉、蛋液、
葱花，拌匀，将
煮好的食材盛出，
装入碗中即可。

材料：

水发红豆 150 克，山
药 200 克

调料：

白糖、水淀粉各
适量

做法：

❶ 洗净去皮的山药切粗片，再切成条，改切成丁。

❷ 砂锅中注入清水，倒入洗净的红豆，煮 40 分钟。

❸ 放入山药丁，续煮 20 分钟至食材熟透。

❹ 加入白糖、水淀粉，拌匀，盛出煮好的山药羹，装入碗中即可。

小·贴士

红豆含有蛋白质、碳水化合物、B 族维生素、钾、铁、磷等营养成分，具有健脾止泻、利尿消肿、清热解毒等功效。

红豆山药羹

扫一扫看视频

香菇鸡肉羹

扫一扫看视频

材料：

鲜香菇 40 克，上海青 30 克，鸡胸肉 60 克，软饭适量

调料：

盐少许，食用油适量

做法：

❶ 汤锅中注入清水烧开，放入洗净的上海青，煮约半分钟至断生。

❷ 把煮好的上海青捞出，剁碎；洗净的香菇切粒；洗好的鸡胸肉剁成末。

❸ 用油起锅，倒入香菇、鸡胸肉，搅松散，炒至转色。

❹ 加入清水、软饭、盐、上海青，炒匀，将炒好的食材盛出，装入碗中即成。

 **小·贴士**

香菇含有 18 种氨基酸和 30 多种酶，有抑制血液中胆固醇升高和降低血压的作用。常食香菇能补肝肾、健脾胃、益智安神。此外，香菇还含有丰富的维生素 D，有助于婴幼儿的骨骼发育。

紫薯银耳羹

扫一扫看视频

材料：

紫薯 55 克，红薯 45 克，水发银耳 120 克

小·贴士

银耳含有膳食纤维、天然植物性胶质、海藻糖、钙、磷、铁、钾等营养成分，具有润肠益胃、补气和血、美容嫩肤等功效。

做法：

❶ 将去皮洗净的紫薯切丁；去皮洗好的红薯切丁；洗净的银耳撕成小朵。

❷ 砂锅中注入清水烧热，倒入红薯丁、紫薯丁，拌匀。

❸ 煮约 20 分钟，至食材变软，加入银耳，搅散开。

❹ 续煮约 10 分钟，至食材熟透，盛出煮好的银耳羹，装入碗中，待稍微冷却后即可食用。

莲子核桃米糊

扫一扫看视频

材料：

水发莲子 10 克，核桃仁 10 克，水发大米 300 克

小·贴士

核桃仁含有蛋白质、不饱和脂肪酸、膳食纤维及多种维生素、矿物质，具有促进血液循环、补肾助阳、健脑益智等功效。

做法：

❶ 取豆浆机，倒入洗净的莲子、核桃仁、大米。

❷ 注入适量清水，至水位线即可。

❸ 盖上豆浆机机头，选择"五谷"程序，再选择"开始"键。

❹ 待豆浆机运转约20分钟，即成米糊，将煮好的米糊倒入碗中，待稍微放凉后即可食用。

材料：

南瓜 160 克，小米 100 克，蛋黄末少许

做法：

① 将去皮洗净的南瓜切片。

② 摆放在蒸盘中，蒸锅上火烧沸，放入蒸盘，蒸至南瓜变软，取出蒸好的南瓜，把放凉的南瓜置于案板上，用刀背压扁，制成南瓜泥。

③ 汤锅中注入清水烧开，倒入洗净的小米，搅拌，煮约 30 分钟至小米熟透。

④ 取下盖子，倒入南瓜泥、蛋黄末，拌匀，续煮片刻至沸，盛出煮好的小米糊，装在小碗中即成。

小·贴士

南瓜含有丰富的维生素和磷、钾等成分，具有健胃消食的功效。其所含的果胶可以保护胃肠道黏膜免受粗糙食物的刺激，比较适合肠胃不好的幼儿食用。

南瓜小米糊

扫一扫看视频

浓香黑芝麻糊

扫一扫看视频

材料：

糯米 100 克，黑芝麻 100 克，白糖 20 克

做法：

❶ 锅置火上，倒入黑芝麻，炒至香味飘出，将炒好的黑芝麻装盘。

❷ 备好搅拌机，将黑芝麻倒入干磨杯中，选择"干磨"功能，磨成黑芝麻粉末，将磨好的黑芝麻粉装盘。

❸ 将糯米粉倒入干净的干磨杯中，操作方法和磨制黑芝麻相同，将磨好的糯米粉装盘待用。

❹ 砂锅中注入清水烧开，加入糯米粉、黑芝麻粉、白糖，拌匀至溶化，盛出煮好的芝麻糊，装碗即可。

糯米含有蛋白质、碳水化合物、纤维素、维生素 E、锌、铁等多种营养元素，具有温暖脾胃、补益中气等多种功效。

桑葚黑芝麻糊

扫一扫看视频

材料：

桑葚干7克，水发大米100克，黑芝麻40克

调料：

白糖20克

小·贴士

桑葚具有生津止渴、促进消化、帮助排便等作用，适量食用能促进胃液分泌，刺激肠蠕动及解除燥热，有利于缓解小儿消化不良、便秘等。

做法：

❶ 取榨汁机，将黑芝麻倒入磨杯中，将黑芝麻磨成粉。

❷ 选择搅拌刀座组合，将洗净的大米、桑葚干倒入量杯中，加入清水，选择"榨汁"功能，榨成汁。

❸ 揭开盖，倒入黑芝麻粉，盖上盖，继续搅拌均匀。

❹ 将混合好的米浆倒入砂锅中，加入白糖，拌匀，煮成糊状，将煮好的芝麻糊盛出，装入碗中即可。

山药鸡丁米糊

扫一扫看视频

材料：

山药 120 克，鸡胸肉 70 克，大米 65 克

 **小·贴士**

鸡胸肉蛋白质含量较高，且易被人体吸收利用，并含有对人体生长发育有重要作用的磷脂类，有温中益气、补虚填精、健脾胃、活血脉、强筋骨的功效。

做法：

 1

 2

 3

 4

❶ 将洗净的鸡肉切丁；洗好的山药切丁，放入装有清水的碗中。

❷ 取榨汁机，把鸡肉丁搅碎，装入盘中；再把山药丁和清水一起榨成山药汁，倒入碗中。

❸ 选干磨刀座组合，将大米放入杯中，选择"干磨"功能，将大米磨成米碎。

❹ 汤锅中注入清水，放入山药汁、鸡肉泥，拌煮至沸腾，米碎用水调匀后倒入锅中，煮成米糊，装碗即可。

材料：

水发大米 150 克，去皮山药块 80 克，鲜百合
20 克，水发莲子 20 克

做法：

❶ 取豆浆机，摘下机头，倒入泡好的大米、莲子，再倒入洗好
的百合、山药块。

❷ 注入适量清水至水位线，盖上机头，按"选择"键，再选择"米
糊"选项，按"启动"键开始运转。

❸ 待豆浆机运转约 20 分钟，即成米糊，将豆浆机断电，取下机头。

❹ 将煮好的米糊倒入碗中，待凉后即可食用。

> **小·贴士**
>
> 山药含有多糖、淀粉、蛋白质、黏液蛋白、淀粉酶等营养物质，具有增强人体免疫力、
> 健脾养胃、排毒养颜等功效。

山药米糊

扫一扫看视频

山药杏仁糊

扫一扫看视频

材料：

山药 180 克，小米饭 170 克，杏仁 30 克

调料：

白醋少许

做法：

❶ 将去皮洗净的山药切片，再切条，改切成丁。

❷ 锅中注入清水烧开，加入山药、白醋，拌匀，煮 2 分钟至熟透，把煮熟的山药捞出装盘。

❸ 取榨汁机，把山药倒入榨汁机杯中，加入小米饭、杏仁、清水，选择"搅拌"功能，榨成糊，把山药杏仁糊倒入碗中。

❹ 将山药杏仁糊倒入汤锅中，拌匀，煮约 1 分钟，把煮好的山药杏仁糊盛出，装入碗中即可。

 小·贴士

山药富含 B 族维生素、维生素 C、维生素 E、葡萄糖、胆汁碱等成分，有健脾补肺、益胃补肾的作用，可用于辅助治疗小儿脾胃虚弱、饮食减少、食欲不振等症。

山药芝麻糊

扫一扫看视频

材料：

水发大米 120 克，山药 75 克，水发糯米 90 克，黑芝麻 30 克，牛奶 85 毫升

 小·贴士

山药含有氨基酸、淀粉酶、多酚氧化酶、皂苷、黏液质及多种矿物质，有利于促进脾胃消化吸收功能，具有止咳定喘、健脑益智等功效。

做法：

❶ 将锅烧热，倒入黑芝麻，炒香，盛出炒好的黑芝麻。

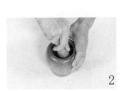

❷ 取杵臼，倒入黑芝麻，碾成细末，倒出黑芝麻末；洗净去皮的山药切粒。

❸ 汤锅中注入清水烧开，倒入大米、糯米，煮 30 分钟。

❹ 加入山药、黑芝麻，拌匀，煮 15 分钟至食材熟透，倒入牛奶，拌匀，煮沸，盛出煮好的芝麻糊，装入碗中即可。

豌豆糊

材料：

豌豆 120 克，鸡汤 200 毫升

调料：

盐少许

 小贴士

豌豆含有丰富的钙、蛋白质及人体所必需的多种氨基酸，对幼儿的生长发育大有益处。6 个月的婴儿开始长乳牙，骨骼也在发育，这时必须供给充足的钙质，因此要适量地给孩子喂食含钙高的食物。

做法：

❶ 汤锅中注入清水，倒入豌豆，煮 15 分钟至熟，捞出煮熟的豌豆，沥干水分，装入碗中。

❷ 取榨汁机，倒入豌豆、鸡汤，选择"搅拌"功能，榨取豌豆鸡汤汁，将榨好的豌豆鸡汤汁倒入碗中。

❸ 把剩余的鸡汤倒入汤锅中，加入豌豆鸡汤汁，搅散，煮沸。

❹ 放入盐，搅匀，将煮好的豌豆糊装入碗中即可。

材料：

西蓝花 150 克，配方奶粉 8 克，米粉 60 克

做法：

❶ 汤锅中注入清水烧开，放入洗净的西蓝花，煮约 2 分钟至熟。

❷ 把煮好的西蓝花捞出，放凉，切碎。

❸ 选择榨汁机，把西蓝花放入杯中，加入清水，盖上盖子，选择"搅拌功能"，榨取西蓝花汁，倒入碗中。

❹ 将西蓝花汁倒入汤锅中，倒入米粉、奶粉，搅拌，煮成米糊，将煮好的米糊盛出，装入碗中即成。

小贴士

西蓝花的维生素 C 含量特别丰富，是同等重量苹果含量的 20 倍。此外，它还含有胡萝卜素、B 族维生素、蔗糖、果糖及较丰富的钙、磷、铁等，可以增强婴幼儿的机体免疫力。

西蓝花糊

扫一扫看视频

小米芝麻糊

扫一扫看视频

材料：

水发小米 80 克，黑芝麻 40 克

1

做法：

❶ 取杵臼，倒入黑芝麻，捣成末，倒出捣好的芝麻，装入盘中。

❷ 砂锅中注入清水烧开，倒入洗净的小米，拌匀，煮约 30 分钟至熟。

❸ 倒入芝麻碎，用勺子搅拌均匀。

❹ 续煮约 15 分钟至入味，盛出煮好的芝麻糊即可。

2

3

4

 小·贴士

小米含有大量的碳水化合物和 B 族维生素，有健脾、和胃、安眠等功效，对缓解精神压力、紧张、乏力、失眠等有很大的作用。

玉米菠菜糊

扫一扫看视频

材料：

菠菜 100 克，玉米粉 150 克

调料：

鸡粉 2 克，盐、食用油各少许

小·贴士

菠菜具有促进肠道蠕动的作用，利于排便，对于痔疮、慢性胰腺炎、便秘、肛裂等病症有食疗作用，能促进生长发育，增强抗病能力，促进人体新陈代谢。

做法：

❶ 将备好的玉米粉装入碗中，倒入清水，把玉米粉搅匀，搅成糊状。

❷ 洗净的菠菜切成粒。

❸ 砂锅中注入清水烧开，放入食用油、盐、鸡粉、菠菜，煮沸。

❹ 倒入玉米糊，搅拌片刻，煮约 2 分 30 秒，将煮好的菠菜糊盛出，装碗即可。

鱼肉玉米糊

扫一扫看视频

材料：

草鱼肉 70 克，玉米粒 60 克，水发大米 80 克，圣女果 75 克

调料：

盐少许，食用油适量

做法：

❶ 汤锅中注水烧开，放入洗好的圣女果，烫煮半分钟。

❷ 把圣女果捞出，去皮，切粒，剁碎；洗净的草鱼肉切小块；洗好的玉米粒切碎。

❸ 用油起锅，倒入鱼肉、清水，炒匀，煮5分钟至熟，用锅勺将鱼肉压碎。

❹ 把鱼汤滤入汤锅中，放入大米、玉米碎，煮至食材熟烂，加入圣女果、盐，拌匀煮沸，把煮好的米糊盛出，装入碗中即可。

材料：

甜杏仁 50 克，核桃仁 25 克，白芝麻 30 克，黑芝麻 30 克，糯米粉 30 克，枸杞 10 克

调料：

牛奶 100 毫升，白砂糖 15 克

做法：

❶ 将洗净的白芝麻和黑芝麻放入锅中翻炒，炒出香味，装盘待用。

❷ 将甜杏仁、核桃仁、白芝麻、黑芝麻、糯米粉、枸杞、牛奶倒入豆浆机中，注入清水，至水位线即可。

❸ 加入白砂糖，搅匀，盖上豆浆机机头，选择"五谷"程序，开始打磨材料。

❹ 待豆浆机运转约 15 分钟，即成芝麻糊，把煮好的芝麻糊盛入碗中即可。

小·贴士

杏仁能发散风寒、下气除喘、通便、补肺的作用，还有美容功效，能促进皮肤微循环，使皮肤红润光洁。

杏仁核桃芝麻糊

扫一扫看视频

芝麻糯米糊

扫一扫看视频

材料：

糯米粉 30 克，黑芝麻粉 40 克，陈皮 2 克，白
砂糖 15 克

1

2

做法：

❶ 将糯米粉加入备有大半碗水的碗中，调匀。

❷ 砂锅中注入清水，放入陈皮，煮约 15 分钟，至陈皮析出有效
成分。

❸ 加入黑芝麻粉、白砂糖，搅拌至混合。

3

❹ 倒入糯米粉，拌匀，煮约 1 分钟，至食材入味，将煮好的糯
米糊盛入碗中即可。

4

 小·贴士

黑芝麻含有蛋白质维生素、钙、铁等营养成分，益肝、养血、润燥、乌发的作用。

芝麻豌豆糊

扫一扫看视频

材料：

黑芝麻 35 克，豌豆 65 克

调料：

冰糖适量

小·贴士

豌豆具有健脾益胃、宽肠、通便、解毒、补益肝肾、消肿止痛、散结、调节中气、化痰等功效，对肿块、便秘等症有食疗作用。

做法：

❶ 将豌豆倒入碗中，加入清水，洗干净，倒入滤网，沥干水分。

❷ 把洗好的豌豆倒入豆浆机中，放入黑芝麻、冰糖。

❸ 注入清水，至水位线即可，盖上豆浆机机头，选择"五谷"程序，待豆浆机运转约20分钟即成。

❹ 把煮好的豌豆糊倒入滤网，再倒入碗中，用汤匙捞去浮沫即可。

紫米糊

扫一扫看视频

材料：

胡萝卜 100 克，粳米 80 克，紫米 70 克，
核桃粉 15 克，枸杞 5 克

小·贴士

胡萝卜有健脾和胃、补肝明目、清热解毒、壮阳补肾、降气止咳等功效，对于肠胃不适、便秘、夜盲症、小儿营养不良等症状有食疗作用。

做法：

❶ 取榨汁机，倒入洗好的粳米、紫米，选择"干磨"功能，细磨制成米粉，倒出磨好的米粉，放在盘中。

❷ 将去皮洗净的胡萝卜切开，再切细丝，改切成小颗粒状。

❸ 汤锅中注入清水烧开，放入胡萝卜粒，煮约 3 分钟至胡萝卜熟软。

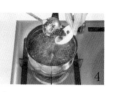

❹ 倒入米粉，煮沸，再撒上枸杞，搅拌，煮一会，即成米糊，盛出锅中的食材，放在碗中，撒上核桃粉即成。

萝卜鱼丸汤

扫一扫看视频

材料：

白萝卜 150 克，鱼丸 100 克，芹菜 40 克，姜末少许

调料：

盐 2 克，鸡粉少许，食用油适量

小·贴士

白萝卜是一种常见的蔬菜，生食、熟食均可，它富含芥子油、淀粉酶和粗纤维，具有促进消化、增进食欲、加快胃肠蠕动的作用。幼儿食用白萝卜，对小儿咳嗽等症状有缓解的作用。

做法：

❶ 将洗净的芹菜切粒；去皮洗净的白萝卜切细丝；洗净的鱼丸切上网格花刀。

❷ 用油起锅，下入姜末，爆香，倒入切好的萝卜丝，翻炒几下。

❸ 加入清水、鱼丸、盐、鸡粉，拌匀，续煮约 2 分钟至全部食材熟透。

❹ 撒上芹菜粒，拌匀，再煮片刻至其断生，盛出煮好的鱼丸汤，放在碗中即成。

上汤冬瓜

扫一扫看视频

材料：

冬瓜300克，金华火腿20克，瘦肉30克，
水发香菇3克，清鸡汤200毫升

调料：

盐2克，鸡粉3克，水淀粉适量

小·贴士

冬瓜具有清热解毒、利水消肿、
减肥美容的功效，能减少体内
脂肪，有利于减肥。常吃冬瓜，
对慢性支气管炎、肠炎、肺炎等
感染性疾病有一定的食疗作用。

做法：

❶ 冬瓜切片；瘦肉切
丝；香菇切丝；火
腿切细丝。

❷ 把切好的火腿丝放
在冬瓜上，待用。

❸ 蒸锅中注水烧开，
放入冬瓜，盖上
盖，大火蒸20分
钟，揭盖，取出
冬瓜。

❹ 锅置火上，倒入鸡
汤，放入火腿、瘦
肉、香菇，加清水
略煮，撇去浮沫；
加盐、鸡粉调味，
倒入水淀粉勾芡，
浇在冬瓜上即可。

材料：

松子 30 克，玉米粒 100 克，红枣 10 克

调料：

白糖 15 克

做法：

❶ 砂锅中注入清水烧开，倒入红枣、玉米粒，拌匀。

❷ 煮 15 分钟至熟，放入松子，拌匀。

❸ 续煮 10 分钟至食材熟透，加入白糖。

❹ 搅拌约 1 分钟至白糖溶化，将煮好的汤装入碗中即可。

小·贴士

玉米含有膳食纤维、胡萝卜素、烟酸、维生素 E、镁、硒等营养成分，具有健脾止泻、延缓衰老、利尿消肿等功效，和红枣、松子搭配食用，保养身体效果更佳。

松子鲜玉米甜汤

扫一扫看视频

西红柿红腰豆汤

扫一扫看视频

材料：

西红柿 50 克，紫薯 60 克，胡萝卜 80 克，洋葱 60 克，西芹 40 克，熟红腰豆 180 克

调料：

盐 2 克，鸡粉 2 克，食用油适量

1

2

3

4

做法：

❶ 将洗净的西红柿切丁；洗好的洋葱切粒；洗净的胡萝卜切粒；洗好的紫薯切粒；洗净的西芹切丁。

❷ 用油起锅，倒入洋葱，翻炒均匀。

❸ 倒入紫薯、西芹、西红柿、胡萝卜，炒匀。

❹ 加入熟红腰豆、清水、盐、鸡粉，拌匀，煮 10 分钟至食材熟透，将锅中汤料盛入碗中即可。

小贴士

西芹含有芳香油及多种维生素、多种游离氨基酸等营养物质，有增进食欲、健脑、清肠利便、解毒消肿、促进血液循环等功效，适合幼儿食用。

元蘑骨头汤

扫一扫看视频

材料：

排骨 230 克，水发香菇 65 克，水发元蘑 70 克，姜片少许

调料：

盐、鸡粉各 2 克，胡椒粉 3 克

小·贴士

香菇具有化痰理气、益胃和中之功效，对食欲不振、身体虚弱、小便失禁、大便秘结、形体肥胖等病症有食疗功效。

做法：

❶ 洗净的元蘑用手撕成小块，待用。

❷ 锅中注水烧开，放入洗净的排骨，汆煮片刻，盛出汆煮好的排骨，沥干水分。

❸ 砂锅中注入清水烧开，倒入排骨、香菇、元蘑、姜片，拌匀。

❹ 煮1小时至熟透，加入盐、鸡粉、胡椒粉，搅拌至入味，盛出煮好的汤，装入碗中即可。

西红柿芹菜汁

扫一扫看视频

材料：

西红柿 200 克，芹菜 200 克

做法：

❶ 将洗净的芹菜切粒状；洗净的西红柿切小块。

❷ 取榨汁机，选择搅拌刀座组合，倒入食材。

❸ 注入矿泉水，盖上盖，选择"榨汁"功能。

❹ 榨一会儿，使食材榨出汁，倒出榨好的西红柿芹菜汁，装入小碗中即成。

材料：

香蕉 150 克，猕猴桃 100 克，柠檬 70 克

做法：

❶ 香蕉去除果皮，把果肉切小块；洗净去皮的猕猴桃切小块。

❷ 取榨汁机，选择搅拌刀座组合，倒入水果，注入适量矿泉水。

❸ 盖上盖子，选择"榨汁"功能，榨一会儿，使食材析出果汁，揭开盖，取柠檬，挤入柠檬汁。

❹ 盖上盖，再次选择"榨汁"功能，搅拌片刻，使柠檬汁溶于果汁中，倒出榨好的果汁，装入杯中即成。

小·贴士

香蕉具有清热、通便、解酒、降血压、抗癌之功效。香蕉中的钾能降低机体对钠盐的吸收，故有降血压的作用。

香蕉猕猴桃汁

扫一扫看视频

紫甘蓝芹菜汁

扫一扫看视频

材料：

紫甘蓝 100 克，芹菜 80 克

做法：

1

❶ 洗好的芹菜切段；洗净的紫甘蓝切小块。

2

❷ 取榨汁机，选择搅拌刀座组合，倒入紫甘蓝、芹菜。

3

❸ 加入适量的纯净水。

❹ 盖上盖，选择"榨汁"功能，榨取蔬菜汁，将榨好的蔬菜汁
倒入杯中即可。

4

 小贴士

芹菜含有较多的膳食纤维、碳水化合物、B 族维生素、维生素 C、维生素 P、钙、铁、磷等营养物质，有降血压的功效，比较适合高血压病患者食用。

紫薯胡萝卜橙汁

扫一扫看视频

材料：

紫薯 130 克，胡萝卜 70 克，橙子肉 50 克

小·贴士

胡萝卜有健脾和胃、补肝明目、清热解毒、壮阳补肾、降气止咳等功效，对于肠胃不适、便秘、夜盲症、小儿营养不良等症状有食疗作用。

做法：

❶ 洗净的胡萝卜切小块；洗净去皮的红薯切小块；橙子肉切小块。

❷ 取榨汁机，选择搅拌刀座组合，倒入切好的材料。

❸ 注入纯净水，盖好盖子。

❹ 选择"榨汁"功能，榨取果汁，倒出橙汁，装入杯中即可。

金枪鱼水果沙拉

扫一扫看视频

材料：

熟金枪鱼肉 180 克，苹果 80 克，圣女果 150 克，沙拉酱 50 克

调料：

山核桃油适量，白糖 3 克

小·贴士

苹果具有润肺健脾、生津止渴、止泻、消食、顺气、醒酒的功能。苹果中含有大量的纤维素，可以使肠道内胆固醇含量减少，缩短排便时间，预防便秘。

做法：

    1   2   3   4

❶ 洗净的圣女果对半切开；洗净的苹果去核，依次再在每一瓣儿的左右两边切三刀，切开，展开呈花状。

❷ 将熟金枪鱼肉撕成小块。

❸ 在苹果上摆放圣女果、金枪鱼。

❹ 取碗，倒入沙拉酱、白糖、山核桃油，搅匀，将调好的酱浇在食材上即可。

1

2

3

4

材料：

鸡蛋2个，火腿30克，虾米25克

调料：

盐少许，水淀粉4毫升，料酒2毫升，食用油适量

做法：

❶ 将火腿切成粒，洗净的虾米剁碎。

❷ 鸡蛋打开，取蛋清，放入盐、水淀粉，调匀。

❸ 用油起锅，倒入虾米、火腿、料酒，炒香。

❹ 倒入蛋清炒匀，将炒好的菜肴盛出，装入碗中即可。

小·贴士

鸡蛋含有丰富的蛋白质，还含有一定量的卵磷脂、核黄素、钙、磷、铁等营养物质，对神经系统和身体发育有很大的作用，可增强记忆力，很适合小儿食用。

炒蛋白

扫一扫看视频

鸡丁炒鲜贝

扫一扫看视频

材料：

鸡胸肉 180 克，香干 70 克，干贝 85 克，青豆 65 克，胡萝卜 75 克，姜末、蒜末、葱段各少许

调料：

盐 5 克，鸡粉 3 克，料酒 4 毫升，水淀粉、食用油各适量

做法：

❶ 将洗净的香干切丁；去皮洗好的胡萝卜切丁；将洗净的鸡胸肉切丁。

❷ 鸡丁装入碗中，放入盐、鸡粉、水淀粉、食用油，拌匀，腌渍 10 分钟至入味。

❸ 锅中注水烧开，放入盐、青豆、食用油、香干、胡萝卜，煮断生，加入干贝，拌匀，再煮半分钟至熟，把焯过水的材料捞出。

❹ 油锅烧热，爆香姜末、蒜末、葱段，加入鸡肉、料酒，炒匀，倒入焯过水的食材，炒匀，加入盐、鸡粉，炒匀即成。

 小贴士

鸡肉含有丰富的维生素 C、维生素 E、蛋白质，有温中益气、增强体力、强筋壮骨的功效。此外，它还含有磷脂类，对幼儿的生长发育有重要作用。

煎红薯

扫一扫看视频

材料：

红薯 250 克，熟芝麻 15 克

调料：

蜂蜜、食用油各适量

小·贴士

红薯含有丰富的淀粉、膳食纤维、胡萝卜素、维生素、亚油酸及钾、铁、铜、硒、钙等营养元素，被营养学家称为营养最均衡的保健食品。幼儿食用红薯，对维持体内的营养均衡很有帮助。

做法：

❶ 将去皮洗净的红薯切成片，放在盘中。

❷ 锅中注入清水烧开，倒入红薯片，搅拌，煮约 2 分钟，至其断生后捞出，沥干水分，放在盘中。

❸ 煎锅中注入食用油烧热，放入红薯片，煎一会至散发出焦香味。

❹ 煎片刻，至两面熟透，盛出煎好的食材，放在盘中，再均匀地淋上蜂蜜，撒上熟芝麻即成。

奶油鱼肉

扫一扫看视频

材料：

奶油 50 克，胡萝卜 50 克，

洋葱 20 克，草鱼肉 150 克

调料：

盐 2 克，食用油适量

小·贴士

草鱼肉质鲜嫩，富含蛋白质、铁、B
族维生素等营养元素，具有温中补气、
强筋壮骨的作用。此外，草鱼还含有
一些特殊矿物质，对促进幼儿大脑发
育、保护眼睛等都有很好的效果。

做法：

❶ 将去皮洗净的胡萝
卜切片；去皮洗净的
洋葱切粒；洗好的草
鱼肉切小块。

❷ 蒸锅上火烧开，
放入装有胡萝卜片和
鱼块的盘子，蒸至食
材熟透，取出；将
放凉的胡萝卜剁成泥
状，把放凉的鱼肉剁
成泥状。

❸ 用油起锅，倒入
洋葱粒、清水、胡萝
卜泥、鱼肉泥，拌匀。

❹ 加入盐，拌匀，略
煮片刻，待汤汁沸腾
后放入奶油，拌至溶
化，盛出制作好的菜
肴，放在碗中即成。

材料：

糯米粉 85 克，土豆 100 克，鸡蛋 1 个，豆沙 45 克，面包糠 140 克，葱条 10 克

调料：

白糖 10 克，食用油适量

做法：

❶ 将去皮洗净的土豆切小块；鸡蛋打开，取出蛋黄放入碗中，调匀，制成蛋液。

❷ 蒸至土豆熟软，取出，放凉后压成泥；葱条焯煮断生后捞出；糯米粉中加白糖、温开水，揉搓成面团。蒸锅注水烧开，放入装有土豆块的蒸盘。

❸ 混入土豆泥，制成土豆面团，捏成小薄饼的形状，放入豆沙包好，捏成葫芦状，制成饼坯，蘸上蛋液，滚上面包糠，即成葫芦饼坯。

❹ 起油锅，放入摆放有葫芦饼坯的滤网，炸至全部葫芦饼坯熟透，取出，沥干油，再一一系上备好的葱条作为装饰，摆好盘即成。

小·贴士

土豆的营养价值很高，含有丰富的膳食纤维、维生素 C 及矿物质，其优质淀粉的含量也极高。同时，它还含有大量木质素，能健脾和胃、益气调中，对小儿脾胃虚弱、消化不良、肠胃不和等症状有很好的食疗效果。

糯米葫芦宝

扫一扫看视频

藕汁蒸蛋

扫一扫看视频

材料：

鸡蛋120克，莲藕汁200毫升，葱花少许

调料：

生抽5毫升，盐、芝麻油各适量

1

2

3

做法：

❶ 取一个大碗，打入鸡蛋，搅散。

❷ 加入莲藕汁、盐，搅匀。

❸ 倒入蒸碗中，蒸锅上火烧开，放上蛋液，蒸约12分钟至熟。

❹ 掀开锅盖，取出蒸蛋，淋入生抽、芝麻油，撒上葱花即可食用。

3

4

鸡蛋含有固醇类、蛋黄素、钙、磷、铁、维生素A、维生素D等成分，具有健脑益智、增强免疫力、保护视力等功效。

清炒秀珍菇

扫一扫看视频

材料：

秀珍菇 100 克，姜末、蒜末、葱末各少许

调料：

盐 2 克，鸡粉少许，蚝油 4 克，料酒 3 毫升，
生抽 4 毫升，水淀粉、食用油各适量

小贴士

秀珍菇是一种高蛋白、低脂肪的
营养食品，有"味精菇"之美誉。
它富含糖分、木质素、纤维素、
果胶、矿物质等。幼儿食用秀珍
菇，有开胃助食的作用。

做法：

1

2

3

4

❶ 将洗净的秀珍菇撕
成小片，放在盘中。

❷ 用油起锅，下入姜
末、蒜末、爆香，
放入备好的秀珍
菇，炒匀。

❸ 注入清水，炒至
食材熟软，加入
料酒、生抽、蚝油，
炒匀。

❹ 加盐、鸡粉、水淀
粉、葱末，翻炒出
葱香味，盛出炒制
好的菜肴，放在碗
中即成。

肉松鲜豆腐

扫一扫看视频

材料：

肉松30克,火腿50克,小白菜45克,
豆腐190克

调料：

盐3克,生抽2毫升,食用油适量

 小·贴士

豆腐含有丰富的铁、钙、磷、镁及碳
水化合物、优质蛋白等成分,具有增
强营养、促进消化等功效,对幼儿的
牙齿、骨骼的生长发育也大有裨益,
适合正处于生长发育期的幼儿食用。

做法：

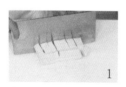

❶ 将洗净的豆腐切
成小方块;洗好
的小白菜切粒;
火腿切粒。

❷ 锅中注入清水烧
开,放入盐、豆腐
块,煮1分30秒,
捞出沥干水分后
装入碗中。

❸ 用油起锅,倒入
火腿粒、小白菜,
炒匀。

❹ 放入生抽、盐,
炒匀,把炒制好
的材料放在豆腐
块上,最后放上
肉松即可。

虾米炒茭白

扫一扫看视频

材料：

茭白 100 克，虾米 60 克，姜片、蒜末、葱段各少许

调料：

盐 2 克，鸡粉 2 克，料酒 4 毫升，生抽、水淀粉、食用油各适量

 小贴士

茭白含有钙、磷、铁、碳水化合物、维生素、胡萝卜素及膳食纤维，能除烦利尿、清热解毒。此外，茭白所含的粗纤维能促进肠道蠕动，帮助儿童消化。

做法：

❶ 将洗净的茭白切成片，装入盘中。

❷ 用油起锅，放入姜片、蒜末、葱段，爆香，倒入虾米、料酒，炒香。

❸ 放入茭白、盐、鸡粉，炒匀调味。

❹ 加入清水、生抽、水淀粉，炒匀，将炒好的材料盛出，装入盘中即成。

香芋煮鲫鱼

扫一扫看视频

材料：

净鲫鱼 400 克，芋头 80 克，鸡蛋液 45 克，枸杞 12 克，姜丝、蒜末各少许，清水适量

调料：

盐 2 克，白糖少许，食用油适量

小·贴士

芋头含有蛋白质、淀粉、膳食纤维、维生素C、维生素E、钾、钠、钙、镁、铁、锰、锌等营养成分，具有益脾胃、调中气、化痰散结等功效。

做法：

❶ 将去皮洗净的芋头切细丝；处理干净的鲫鱼切上一字花刀；把鲫鱼装入盘中，撒上盐，抹匀，再腌渍约 15 分钟。

❷ 热锅注油，烧至五成热，倒入芋头丝，拌匀，炸出香味，捞出，沥干油。

❸ 用油起锅，放入鱼，炸至两面断生后捞出，沥干油。

❹ 油爆姜丝，加入清水、鲫鱼，煮至食材七八成熟，倒入芋头丝、蒜末、枸杞、鸡蛋液、盐、白糖，煮至食材熟透即可。

材料：

小白菜500克，蟹味菇250克，姜片、蒜末、葱段各少许

调料：

生抽、水淀粉各5毫升，盐、鸡粉、白胡椒粉各5克，蚝油、食用油各适量

做法：

❶ 洗净的小白菜切去根部，对半切开。

❷ 锅中注水烧开，加入盐、食用油，小白菜，焯煮片刻至断生，捞出，沥干水分。

❸ 再将蟹味菇倒入锅中，焯煮片刻，捞出焯煮好的蟹味菇，沥干水分；油爆姜片、蒜末、葱段。

❹ 放入蟹味菇、蚝油、生抽、清水、盐、鸡粉、白胡椒粉、水淀粉，翻炒至熟，盛出装入摆放有小白菜的盘中即可。

小·贴士

小白菜含有膳食纤维、碳水化合物、胡萝卜素、维生素 B_1、维生素 B_2、维生素 C 等营养成分，具有健脾止泻、开胃消食、防癌抗癌等功效。

蟹味菇炒小白菜

扫一扫看视频

鱼泥西红柿豆腐

扫一扫看视频

材料：

豆腐 130 克，西红柿
60 克，草鱼肉 60 克，
姜末、蒜末、葱花各
少许

调料：

番茄酱 10 克，白糖
6 克

1

2

3

做法：

❶ 把洗好的豆腐压烂，剁成泥状；将洗净的草鱼肉切丁；洗好
的西红柿去蒂。

❷ 烧开蒸锅，放入鱼肉、西红柿，蒸 10 分钟至熟，取出；将鱼
肉倒在砧板上，用刀压烂，剁成泥，将西红柿去皮，剁碎。

❸ 用油起锅，下入姜末、蒜末，爆香，加入鱼肉泥、豆腐泥，炒匀。

❹ 放入番茄酱、清水、西红柿、白糖、葱花，炒匀，将炒好的
材料盛出，装入碗中，撒上葱花即可。

4

小·贴士

草鱼含有丰富的蛋白质、脂肪、多种维生素，还含有核酸、锌、硒等成分，有增强体
质、补中调胃、利水消肿的作用，对幼儿的骨骼生长有特殊作用。

虾丁豆腐

扫一扫看视频

材料：

虾仁 65 克，豆腐 130 克，鲜香菇 30 克，核桃粉 50 克

调料：

盐 3 克，水淀粉 3 毫升，食用油适量

1

2

做法：

❶ 将洗净的豆腐切成小块；洗好的香菇切成粒；用牙签挑去虾仁的虾线，再把虾仁切成丁。

❷ 将虾肉装入碗中，放入盐、水淀粉、食用油，腌渍 10 分钟至入味。

❸ 锅中注水烧开，加入盐、豆腐，煮 1 分钟，去除酸味，下入香菇，再煮半分钟，把焯过水的豆腐和香菇捞出。

❹ 用油起锅，放入虾肉、豆腐、香菇，炒匀，加入盐、清水、核桃粉，炒匀，将炒好的菜肴盛出，装碗即可。

3

4

小贴士

豆腐含有丰富的蛋白质、维生素和矿物质等，其所富含的卵磷脂有益于神经、血管、大脑的发育生长，具有健脑的作用，很适合幼儿食用。

PART 4

学龄前儿童（3~6岁）的营养菜

学龄前儿童的活动能力增强，活动范围增加，正处于体、脑发育期，因此，补充充足、合理的营养尤为重要。学龄前儿童的食物种类包括谷类、畜禽、水产、蛋类、奶及奶制品、大豆及其制品等，应尽量做到膳食多样化，合理搭配，才能使宝宝获得全面的营养。

一 3～6岁学龄前儿童饮食营养及配餐

孩子3周岁以后至入小学前为学龄前期，相当于幼儿园阶段。这个时期的宝宝，生长速度要比前一阶段稍慢一些，但生长发育仍然很迅速。大脑的发育日趋完善，消化功能还没有完全成熟。由于活动量增大，活动内容丰富，孩子对膳食营养的需求也就更多了。

1 学龄前儿童的饮食营养特点

学龄前儿童身体发育比较迅速，其四肢增长较快，头围已接近成人，乳牙开始脱落，恒牙开始萌生，消化功能已发育成熟，且代谢旺盛，对营养物质特别是蛋白质和水及能量的需求比成人相对较大。因此，日常饮食应注意各种营养物质的供给和合理搭配，多为其提供富含蛋白质、钙、铁和维生素丰富的食物。

这个时期儿童的食物选择已经不再是以奶类食物为主，而是过渡到以谷类食物为主，食物的种类与成人食物种类逐渐接近，直至膳食与成人基本相同。这时期主食中粮食的摄取量较成人为少，各种食物都可选用，但不宜进食刺激性食物。此外，膳食应注意平衡，食物花色品种要多样化，荤素菜搭配，粗细粮交替，营养要均衡。烹调时还需讲究色香味和软硬适中，这样易引起幼儿兴趣和为其所接受。

孩子进入幼儿园后活动能力加强，活动量增加，食物的分量也要随之增加，而且要逐步让孩子进食一些粗粮类食物，还要引导孩子养成良好而又卫生的饮食习惯。此外，可以提供给他们少量的零食，例如在午睡后，给孩子食用少量有营养的食物或汤水。

❷ 学龄前儿童的膳食营养安排

　　膳食安排的总原则是均衡营养和适合儿童的生理和心理特点。首先膳食要能满足生长发育所需的一切营养素，且各营养素之间有正确的比值关系，蛋白质、脂肪、碳水化合物各占10% ~ 15%、25% ~ 35%、50% ~ 60%，动物性及豆类蛋白质不少于蛋白质总量的50%。其次，各餐的间隔时间及食物数量的分配应合理，掌握每日膳食总量的分配，一般两餐之间的间隔以3.5 ~ 4个小时为宜，晚餐宜清淡，早、午餐食物要充足。餐饮以一日4 ~ 5餐为宜，3次正餐，2次加餐。按照早中晚3：4：3的比例和适量加餐的原则，早餐占20% ~ 25%，加餐5%；午餐占30% ~ 35%，加餐5% ~ 10%；晚餐占25%，加餐5%。鉴于学龄前儿童的营养需要和生理特点，每日膳食中应有一定量的牛奶或相应的奶制品，适量的肉、禽、鱼、蛋、豆类及豆制品，以供给人体优质蛋白质。

　　为解决矿物质和维生素的不足，应注意新鲜蔬菜和水果的摄入，并建议每周进食一次富含铁的猪肝或猪血，每周进食一次富含碘、锌的海产品。纯能量（食糖等）及油脂含量高的食物不宜多吃，以避免出现肥胖症状和预防龋齿。主食由软饭逐渐转变成普通米饭、面条及糕点等。糖类及含糖量高的食品也要避免让儿童食用过多。

　　此外，有一些食物学龄前儿童应尽量避免食用。首先是花生、杏仁、瓜子等整粒的硬果，尽量避免让孩子进食；而豆类应煮烂、磨碎或制浆后再让他们吃。其次是带刺的鱼、带骨的肉、带壳的虾蟹也要避免，应将骨、刺、壳去除干净后再给孩子吃。再者，含有咖啡因、酒精等的刺激性饮料和食物，如可乐、浓茶、咖啡、辣椒、油炸食品，均不宜学龄前儿童食用。

3 学龄前儿童的膳食营养安排注意事项

食物种类应多样化，搭配合理。学龄前儿童活动能力增强，活动范围增加，正处于体、脑发育期，所以，补充充足、合理的营养尤为重要。针对学龄前儿童的膳食安排，除了遵循幼儿时期的膳食原则外，食物的分量也要增加，并逐渐让孩子进食一些粗杂粮，引导其养成良好的饮食习惯。学龄前儿童的食物种类与成年人相接近，包括谷类、畜禽肉类、水产类、蛋类、奶及奶制品、大豆及其制品、蔬菜、水果、烹调油和食糖等。在食物搭配上尽量做到膳食多样化，合理搭配，营养全面。

应选择易于消化的烹调方式。烹调方式要符合学龄前儿童的消化功能和特点，烹调注意色香味均美，使孩子喜欢，以增进食欲。食品的温度适宜、软硬适中，易被儿童接受。

让幼儿养成进食不需成人照顾的好习惯，定点、定时、定量进食，注意饮食卫生，并尽量让孩子有挑选食物的自由，使其对食物充满兴趣，同时避免其养成吃零食、挑食、偏食或暴饮暴食等坏习惯。

应该避免孩子在幼年时出现过胖的现象；如果有这种倾向，可能是因为偏食含脂肪过多的食物或是运动过少所致，应做适当的调整，着重改变其不合适的饮食行为。

一些成人用的"补品"，也不宜列入孩子的食谱。平衡膳食是要选择对孩子有益的滋补食物，而非选择一些对其不适宜的成人"补品"。另外，在有条件时可以让孩子和其他小朋友共同进食，以相互促进食欲。

胡萝卜豆腐泥

扫一扫看视频

材料：

胡萝卜 85 克，鸡蛋 1 个，豆腐 90 克

调料：

盐少许，水淀粉 3 毫升

 **小·贴士**

胡萝卜含有丰富的膳食纤维，可加强肠道的蠕动，尤其适宜便秘的宝宝食用。此外，胡萝卜还有小儿不可缺少的胡萝卜素，具有保护眼睛、促进生长发育的作用。

做法：

1

2

3

4

❶ 把鸡蛋打入碗中，调匀；洗好的胡萝卜切丁；将洗净的豆腐切小块。

❷ 把胡萝卜放入烧开的蒸锅中，蒸 10 分钟至其七成熟；把豆腐放入蒸锅中，蒸 5 分钟至胡萝卜和豆腐完全熟透。

❸ 胡萝卜和豆腐取出，把胡萝卜倒在砧板上，剁成泥状，将豆腐倒在砧板上，用刀压烂。

❹ 汤锅中注水，放入盐、胡萝卜泥、豆腐泥，拌匀，煮沸，加入蛋液、水淀粉，拌匀，盛出装入碗中即可。

核桃黑芝麻酸奶

扫一扫看视频

材料：

酸奶 200 克，核桃仁 30 克，草莓 20 克，黑芝麻 10 克

小·贴士

核桃仁含有较多的蛋白质及人体所需的不饱和脂肪酸，这些成分是大脑组织细胞代谢的重要物质，能滋养脑细胞，增强脑功能，很适合老年人食用。

做法：

❶ 将洗净的草莓切小块。

❷ 锅置火上烧热，放入洗净的黑芝麻，炒匀，至其散出香味，盛出炒好的黑芝麻，装入盘中。

❸ 取备好的杵臼，倒入核桃仁，压碎，放入黑芝麻，再碾压片刻，至材料呈粉末状，将捣好的材料倒出，装入盘中，即成核桃粉。

❹ 另取一个干净的玻璃杯，放入草莓、酸奶，再均匀地撒上核桃粉即可。

花生银耳牛奶

扫一扫看视频

材料：

花生 80 克，水发银耳 150 克，牛奶 100 毫升

小·贴士

花生含有油酸与维生素 E，可以强化血管；其还含有白藜芦醇，能够使血流顺畅，预防动脉硬化，从而有效降低血压。

做法：

❶ 将洗好的银耳切成小块，备用。

❷ 砂锅中注入清水烧开，放入洗净的花生米，加入银耳，拌匀。

❸ 盖上盖，烧开后用小火煮 20 分钟。

❹ 揭开盖，倒入牛奶，搅拌均匀，大火煮沸，将煮好的花生银耳牛奶盛出，装入碗中即可。

材料：

水发黑豆100克，核桃仁40克

调料：

白糖5克

做法：

❶ 取榨汁机，倒入洗净的黑豆，注入矿泉水，盖好盖子，搅拌一会儿，榨出汁水，用隔渣袋滤去豆渣，将豆汁装入碗中。

❷ 取榨汁机，倒入豆汁、核桃仁，盖好盖子，搅拌片刻，至核桃仁变成细末，即成生豆浆。

❸ 砂锅中倒入生豆浆，盖上盖，续煮至汁水沸腾。

❹ 揭盖，加入白糖，拌匀，续煮片刻，至白糖溶化，再掠去浮沫，盛出即成。

小·贴士

核桃仁含有维生素B_1、维生素B_2、维生素B_6、铜、镁、钾、磷、铁、叶酸等营养成分，有促进血液循环、稳定血压的作用，常食对动脉硬化、高血压病均有益处。

核桃仁黑豆浆

扫一扫看视频

板栗燕麦豆浆

扫一扫看视频

材料：

水发黄豆 50 克，板栗肉 20 克，水发燕麦 30 克

调料：

白糖适量

做法：

① 将洗净的板栗肉切成小块；把已浸泡 8 小时的黄豆倒入碗中，放入燕麦、清水，洗干净，把洗净的食材放入滤网，沥干水分。

② 再倒入豆浆机中，加入板栗块，注入清水，至水位线即可。

③ 盖上豆浆机机头，选择"五谷"程序，待豆浆机运转约 15 分钟，即成豆浆。

④ 把榨好的豆浆倒入滤网，滤去豆渣，倒入碗中，加入白糖，拌匀至其溶化即可。

 **小·贴士**

燕麦含有氨基酸、亚油酸、纤维素、维生素 B_1、钙、磷、钾、镁、铁等营养成分，具有降胆固醇、降血糖、预防骨质疏松、缓解便秘等功效。

黑豆芝麻豆浆

扫一扫看视频

材料：

水发黑豆 110 克，水发花生米 100 克，
黑芝麻 20 克

调料：

白糖 20 克

 **小贴士**

花生含有蛋白质、碳水化合物、
不饱和脂肪酸、维生素 A、维生
素 B₆、维生素 E、维生素 K 及钙、
磷、铁等营养物质，对预防高血
压、保护血管均有一定的作用。

做法：

❶ 取榨汁机，注入清
水，放入黑豆，盖
上盖子，搅拌一会
儿，至黑豆成细末
状，倒出搅拌好的
材料，用滤网滤取
豆汁，装入碗中。

❷ 取榨汁机，放入
黑芝麻、花生米、
豆汁，盖上盖子，
搅拌一会儿，至
材料呈糊状，即
成生豆浆。

❸ 汤锅置旺火上，
倒入搅拌好的生
豆浆，煮约1分钟，
至汁水沸腾。

❹ 掠去浮沫，撒上白
糖，拌匀，续煮一
会儿，至糖分完全
溶化，盛出煮好的
芝麻豆浆，装入碗
中即成。

清爽开胃豆浆

扫一扫看视频

材料：

水发黄豆 40 克，鲜山楂 15 克

小·贴士

山楂含有碳水化合物、维生素 C、胡萝卜素、苹果酸等营养成分，具有健脾开胃、消食化滞、活血化痰、降血脂等功效。

做法：

❶ 洗净的山楂切开，去核，切小块。

❷ 将已浸泡 8 小时的黄豆倒入碗中，注入清水，洗干净，把洗好的黄豆倒入滤网，沥干水分。

❸ 将山楂、黄豆倒入豆浆机中，注入适量清水，至水位线即可。

❹ 盖上豆浆机机头，选择"五谷"程序，待豆浆机运转约 15 分钟，即成豆浆，倒入滤网，滤取豆浆，倒入碗中即可。

材料：

鲜玉米粒 100 克

调料：

蜂蜜 15 克

做法：

① 取榨汁机，将洗净的玉米粒装入搅拌杯中，加入纯净水，榨取果玉米汁。

② 将榨好的玉米汁倒入锅中，拌匀。

③ 盖上盖，加热，煮至沸。

④ 揭开盖子，加入蜂蜜，搅拌，使玉米汁味道均匀，盛出煮好的玉米汁，装入杯中，放凉即可饮用。

小·贴士

玉米含有钙、谷胱甘肽、胡萝卜素、维生素C、维生素E、脂肪酸、钙、镁、硒等营养成分，有健脾益胃的功效，能有效改善脾胃不和引起的睡眠质量下降。

蜂蜜玉米汁

扫一扫看视频

西瓜黄桃苹果汁

扫一扫看视频

材料：

西瓜 300 克，黄桃 150 克，苹果 200 克

1

做法：

❶ 洗好的苹果切小块；取出的西瓜肉去籽，切小块。

❷ 取榨汁机，把苹果、西瓜、黄桃倒入榨汁机的搅拌杯中，加入矿泉水。

❸ 选择"榨汁"功能，榨取果汁。

❹ 取下搅拌杯，把果汁倒入杯中即可。

2

3

4

小·贴士

西瓜含有碳水化合物、B 族维生素、多种有机酸及钾、铁、钙等营养物质，不仅能给宝宝及时补充水分，还有健胃消食、润肺理气、调节心脏功能的功效。

西红柿柚子汁

扫一扫看视频

材料：

柚子肉 80 克，西红柿 60 克

小·贴士

柚子含有碳水化合物、B 族维生素、维生素C、维生素P、胡萝卜素、钾、钙、磷等营养成分，有增强免疫力、理气化痰、润肺清肠、补血健脾等功效。

做法：

❶ 锅中注水烧开，放入洗净的西红柿，搅拌一会儿，煮约 1 分钟，至其表皮裂开，捞出西红柿，沥干水分。

❷ 将柚子肉去除果皮和果核，再把果肉掰成小块，把放凉的西红柿去除表皮，再切开果肉，改切成小块。

❸ 取榨汁机，倒入柚子、西红柿、矿泉水，盖好盖。

❹ 选择"榨汁"功能，搅拌一会儿，榨出蔬果汁，将蔬果汁倒入玻璃杯中即成。

鸡肝糊

扫一扫看视频

材料：

鸡肝 150 克，鸡汤 85 毫升

调料：

盐少许

小·贴士

鸡肝含有丰富的维生素 A 和铁质，能保护眼睛，维持正常视力，防止眼睛干涩、疲劳。给宝宝适量食用鸡肝，可保护宝宝的视力。

做法：

❶ 将洗净的鸡肝装入盘中，放入烧开的蒸锅中，蒸 15 分钟至鸡肝熟透，把蒸熟的鸡肝取出。

❷ 用刀将鸡肝压烂，剁成泥状，待用。

❸ 把鸡汤倒入汤锅中，煮沸，倒入鸡肝，拌煮 1 分钟成泥状。

❹ 加入盐，拌匀，至其入味，将煮好的鸡肝糊倒入碗中即可。

材料：

芋头 200 克，南瓜 120 克，水发芡实 80 克，奶油 40 克

调料：

白糖适量

做法：

❶ 洗净去皮的芋头切小丁；洗净去皮的南瓜切小丁。

❷ 砂锅中注入清水烧开，加入芡实，拌匀，煮约 30 分钟至其熟软。

❸ 倒入芋头、南瓜，搅拌片刻，煮约 20 分钟至其熟透。

❹ 加入白糖、奶油，搅拌至完全溶化，盛出煮好的羹，装入碗中即可。

小·贴士

芋头含有蛋白质、胡萝卜素、烟酸、钙、磷、铁、钾、镁、钠等营养成分，能增强免疫力、开胃消食等。

奶香芡实香芋羹

扫一扫看视频

鲜藕枸杞甜粥

扫一扫看视频

材料：

莲藕 300 克，枸杞 10
克，水发大米 150 克

调料：

冰糖 20 克

做法：

❶ 洗净的莲藕切块，再切条，改切成丁。

❷ 砂锅中注入清水烧开，倒入洗净的大米，拌匀，煮约 30 分钟。

❸ 放入莲藕、枸杞，拌匀，续煮约 15 分钟至食材熟透。

❹ 放入冰糖，拌匀，煮至溶化，盛出煮好的粥，装入碗中即可。

 小·贴士

莲藕含有碳水化合物、淀粉、膳食纤维、维生素、钙、磷、铁等营养成分，具有增进
食欲、开胃健脾、滋阴养血等功效。

鲜虾花蛤蒸蛋羹

扫一扫看视频

材料：

花蛤肉 65 克，虾仁 40 克，鸡蛋 2 个，葱花少许

调料：

盐 2 克，鸡粉 2 克，料酒 4 毫升

小贴士

花蛤肉含有蛋白质、钙、镁、铁、锌等营养成分，具有滋阴明日、软坚化痰、补钙、补锌等功效。

做法：

❶ 洗净的虾仁由背部切开，去除虾线，切小段，装入碗中，放入花蛤肉、料酒，加盐、鸡粉，拌匀，腌渍约 10 分钟。

❷ 鸡蛋打入蒸碗中，加入鸡粉、盐、温开水、虾仁、花蛤肉，拌匀。

❸ 蒸锅上火烧开，放入备好的蒸碗。

❹ 蒸约 10 分钟，至食材熟透，取出蒸碗，撒上葱花即可食用。

香蕉牛奶鸡蛋羹

扫一扫看视频

材料：

香蕉 1 个，鸡蛋 2 个，牛奶 250 毫升

·小·贴士

香蕉含有蔗糖、果糖、葡萄糖、膳食纤维、维生素、磷、钾等营养成分，具有润肠通便、润肺止咳、清热解毒等功效。

做法：

❶ 洗好的香蕉剥皮，把果肉压成泥。

❷ 将鸡蛋打入碗中，调匀，倒入香蕉泥、牛奶，拌匀，制成牛奶鸡蛋液。

❸ 取一个蒸碗，倒入牛奶鸡蛋液，蒸锅上火烧开，放入蒸碗。

❹ 蒸 10 分钟至熟，取出蒸碗即可。

材料：

大白菜 200 克，蟹味菇 60 克，香菇 50 克，姜片、葱段各少许

调料：

盐 3 克，鸡粉少许，蚝油 5 克，水淀粉、食用油各适量

做法：

❶ 将洗净的蟹味菇切去老茎；洗好的香菇切片；洗净的大白菜切小块。

❷ 锅中注入清水烧开，加入盐、食用油、白菜块、香菇、蟹味菇，拌匀，煮约半分钟，捞出焯煮好的食材，沥干水分。

❸ 用油起锅，放入姜片、葱段，爆香，倒入焯煮过的食材，再加入蚝油、鸡粉、盐，炒匀。

❹ 倒入水淀粉，炒一会儿，至食材入味，盛出炒好的食材，装入盘中即成。

小·贴士

白菜含有钙、磷、铁、锌及多种维生素，有通利肠胃、止咳化痰的功效。此外，白菜还含有较多的膳食纤维，有润肠通便的作用，有利于缓解小儿便秘症状。

白菜炒菌菇

扫一扫看视频

彩椒圈太阳花煎蛋

扫一扫看视频

材料：

彩椒 150 克，鸡蛋 2 个

调料：

盐、胡椒粉各少许，食用油适量

·小·贴士

鸡蛋具有益精补气、润肺利咽、清热解毒、护肤美肤、滋阴润燥、养血息风的作用，有助于延缓衰老。幼儿常食可增强免疫力，促进骨骼发育。

做法：

❶ 洗净的彩椒切圈，去籽；鸡蛋分别打入两个碗中。

❷ 煎锅置于旺火上烧热，倒入食用油，放入彩椒圈。

❸ 分别倒入鸡蛋，煎至鸡蛋呈乳白色。

❹ 撒上盐、胡椒粉，煎至八成热，用余温再煎片刻至食材熟透，盛出煎好的鸡蛋，装盘即可。

彩椒山药炒玉米

扫一扫看视频

材料：

鲜玉米粒60克，彩椒25克，圆椒20克，山药120克

调料：

盐2克，白糖2克，鸡粉2克，水淀粉10毫升，食用油适量

 小·贴士

玉米含有蛋白质、亚油酸、膳食纤维、钙、磷等营养成分，具有促进大脑发育、降血脂、降血压、软化血管等功效。

做法：

❶ 洗净的彩椒切块；洗好的圆椒切块；洗净去皮的山药切丁。

❷ 锅中注入清水烧开，倒入玉米粒、山药、彩椒、圆椒、食用油、盐，拌匀，煮至断生，捞出焯过水的食材，沥干水分。

❸ 用油起锅，倒入焯过水的食材，炒匀。

❹ 加入盐、白糖、鸡粉、水淀粉，炒匀，盛出炒好的菜肴即可。

春笋叉烧肉炒蛋

扫一扫看视频

材料：

竹笋 130 克，彩椒 12 克，叉烧肉 55 克，
鸡蛋 2 个

调料：

盐 2 克，鸡粉 2 克，料酒 3 毫升，水淀粉、
食用油各适量

小·贴士

竹笋含有碳水化合物、膳食
纤维、B 族维生素、钙、磷、
镁、锌、硒、铜等营养成分，
具有促进肠道蠕动、去积食、
健脾等功效。

做法：

❶ 将洗净的彩椒切成
小块；洗好去皮的
竹笋切成丁；将叉
烧肉切成小块。

❷ 锅中注水烧开，
倒入竹笋丁、料
酒，煮去涩味，
再放入彩椒丁，
加盐、食用油，
煮断生后捞出。

❸ 把鸡蛋打入碗中，
加盐、鸡粉、水
淀粉拌匀，制成
蛋液；用油起锅，
倒入焯过水的食
材，炒匀。

❹ 加盐，倒入叉烧肉，
炒干水汽，盛出；
另起锅，注油烧
热，倒入蛋液炒
匀，放入炒好的食
材炒熟即可。

1

2

3

4

材料：

蛋清100克，红椒10克，青椒10克，脆皖100克

调料：

盐2克，鸡粉2克，料酒4毫升，水淀粉适量

做法：

1. 红椒切成小块；青椒切成小块，备用。
2. 鱼肉切成丁，装入碗中，加盐、鸡粉、水淀粉，腌渍10分钟。
3. 热锅注油，倒入鱼肉、青椒、红椒，炒匀，加盐、鸡粉、料酒，炒匀调味。
4. 倒入备好的蛋清，快速翻炒均匀即可。

小贴士

蛋清营养丰富，能益精补气、润肺利咽、清热解毒，还具有护肤美肤的作用，有助于延缓衰老，还能促进小儿大脑发育。

蛋白鱼丁

扫一扫看视频

干煸芋头牛肉丝

扫一扫看视频

材料：

牛肉 270 克，鸡腿菇 45 克，芋头 70 克，青椒 15 克，红椒 10 克，姜丝、蒜片各少许

调料：

盐 3 克，白糖、食粉各少许，料酒 4 毫升，生抽 6 毫升，食用油适量

做法：

❶ 将去皮洗净的芋头切丝，用油炸成金黄色；洗好的鸡腿菇切粗丝，油炸片刻。

❷ 洗净的红椒、青椒切丝；洗净的牛肉切丝，加姜丝、料酒、盐、食粉、生抽，腌渍约 15 分钟。

❸ 起油锅，撒上姜丝，放入蒜片，爆香，倒入肉丝，炒转色，倒入红椒丝、青椒丝，炒透。

❹ 放入芋头丝和鸡腿菇，炒散，加盐、生抽、白糖，炒熟透即可。

 小·贴士

牛肉含有蛋白质、膳食纤维、维生素 A、视黄醇、核黄素、烟酸以及钙、磷、镁、钾等营养元素，具有补充体力、益气血、强筋骨、消水肿等功效。

蚝油黄蘑鸡块

扫一扫看视频

材料：

鸡块 300 克，水发黄蘑 150 克，姜片、蒜片、香菜碎各少许

调料：

盐 3 克，鸡粉少许，蚝油 6 克，老抽 3 毫升，料酒 5 毫升，生抽 6 毫升，水淀粉、食用油各适量

小贴士

鸡肉含有蛋白质、B 族维生素、维生素 E、卵磷脂以及钙、磷、铁等营养成分，具有温中益气、补虚填精、健脾胃、活血脉、强筋骨等功效。

做法：

❶ 将洗净的黄蘑切段；用油起锅，倒入洗净的鸡块，炒匀，至其转色。

❷ 撒上姜片、蒜片，炒香，淋上料酒，炒匀，放入生抽、蚝油，翻炒几下，倒入切好的黄蘑，炒匀。

❸ 加入老抽，炒匀上色，注入清水，加入盐，拌匀，烧开后转小火焖至食材熟透。

❹ 加鸡粉调味，再用水淀粉勾芡，至汤汁收浓，盛在盘中，摆好盘，点缀上香菜碎即可。

红薯烧口蘑

扫一扫看视频

材料：

红薯 160 克，口蘑 60 克，葱花少许

调料：

盐、鸡粉、白糖各 2 克，料酒 5 毫升，
水淀粉、食用油各适量

小·贴士

口蘑含有维生素 E、膳食纤维、叶酸、硒、钙、镁、锌、铁、钾等营养成分，具有改善便秘、促进排毒、增强免疫力等功效。

做法：

❶ 红薯切成块；口蘑切成小块，待用。

❷ 锅中注水烧开，倒入口蘑，淋入料酒，略煮一会儿，捞出。

❸ 用油起锅，倒入红薯，炒匀；倒入口蘑，翻炒匀；注入清水，炒匀。

❹ 加盐、鸡粉、白糖，中火炒至食材入味；淋入水淀粉勾芡即可。

材料：

茄子70克，水发黄豆100克，胡萝卜30克，圆椒15克

调料：

盐2克，料酒4毫升，鸡粉2克，胡椒粉3克，芝麻油3毫升，食用油适量

做法：

1 胡萝卜切丁；圆椒切丁；茄子切丁。

2 用油起锅，倒入胡萝卜、茄子，炒匀。

3 注入适量清水，倒入黄豆，加盐、料酒，盖上盖，烧开后用小火煮15分钟。

4 倒入圆椒，炒匀；再盖上盖，用中火焖5分钟至食材熟透；加鸡粉、胡椒粉、芝麻油，转大火收汁即可。

小贴士

茄子含有膳食纤维、维生素E、维生素P、胆碱、钙、磷、铁等营养成分，具有清热止血、消肿止痛、保护心血管等功效。

黄豆焖茄丁

扫一扫看视频

黄金马蹄虾球

扫一扫看视频

材料：

去皮马蹄 250 克，虾仁 400 克，蛋清 35 克

调料：

盐 1 克，鸡粉 1 克，淀粉 3 克，食用油适量

1

做法：

① 洗净的马蹄切成丁；洗好的虾仁用刀按压至泥状。

2

② 虾泥中加入马蹄、蛋清、盐、鸡粉、淀粉、食用油，拌匀，制成肉馅。

3

③ 热锅注油，烧至四成热，戴上一次性手套，将虾肉馅捏挤出数个虾球生坯。

④ 用勺子刮起虾球生坯逐一放入油锅中，炸至金黄色，捞出，沥干油分，取盘，摆放上洗净的生菜叶，放上沥干油分的虾球即可。

4

小·贴士

虾仁含有蛋白质、维生素 A、牛磺酸、钾、碘、镁、磷等营养成分，具有益气补虚、强身健体、补肾壮阳等功效。

茭白炒荷兰豆

扫一扫看视频

材料：

茭白120克，水发木耳45克，彩椒50克，荷兰豆80克，蒜末、姜片、葱段各少许

调料：

盐3克，鸡粉2克，蚝油5克，水淀粉5毫升，食用油适量

小·贴士

荷兰豆含有膳食纤维、胡萝卜素、B族维生素、维生素C、维生素E、钾、镁、钙等营养素，有健脾养胃、润肠通便的功效，有助于防治宝宝便秘。

做法：

❶ 洗净的荷兰豆切段；洗好去皮的茭白切片；洗净的彩椒切小块；洗好的木耳切小块，备用。

❷ 锅中注水烧开，放入盐、食用油、茭白、木耳，搅散，煮至五成熟，再倒入彩椒、荷兰豆，煮至断生，捞出，沥干水分。

❸ 用油起锅，放入蒜末、姜片、葱段，爆香，倒入焯好的食材，炒匀。

❹ 放入盐、鸡粉、蚝油、水淀粉，炒匀，盛出炒好的食材，装入盘中即可。

芦笋鲜蘑菇炒肉丝

扫一扫看视频

材料：

芦笋 75 克，口蘑 60 克，猪肉 110 克，
蒜末少许

调料：

盐 2 克，鸡粉 2 克，料酒 5 毫升，水淀粉、
食用油各适量

小·贴士

芦笋含有膳食纤维、维生素、
天冬酰胺、硒、钼、铬、锰
等营养成分，具有调节机体
代谢、增强免疫力等功效。

做法：

❶ 洗净的口蘑切条
形；洗好的芦笋切条
形；洗净的猪肉切细
丝，装入碗中，加入
盐、鸡粉、水淀粉、
食用油，拌匀，腌渍
10 分钟。

❷ 锅中注水烧开，加
入盐，放入口蘑、食
用油，略煮一会儿，
倒入芦笋，拌匀，煮
至其断生，捞出焯煮
好的食材，沥干水分。

❸ 热锅注油，烧至
四五成热，倒入肉
丝，滑油至变色，
捞出肉丝。

❹ 油爆蒜末，放入焯
过水的食材，炒匀，
加入猪肉丝、料酒、
盐、鸡粉、水淀粉，
炒至食材入味，盛出
炒好的菜肴，装入碗
中即可。

材料：

马蹄肉200克，玉米粒90克，核桃仁50克，彩椒35克，葱段少许

调料：

白糖4克，盐、鸡粉各2克，水淀粉、食用油各适量

做法：

❶ 洗净的马蹄肉切小块；洗好的彩椒切小块。

❷ 锅中注水烧开，倒入玉米粒，煮至断生，倒入马蹄肉、食用油，拌匀，倒入彩椒、白糖，拌匀，捞出焯煮好的食材，沥干水分。

❸ 用油起锅，倒入葱段，爆香，放入焯过水的食材，炒匀，放入核桃仁，炒香。

❹ 加入盐、白糖、鸡粉、水淀粉，炒至食材入味，盛出炒好的菜肴即可。

小贴士

玉米含有蛋白质、亚油酸、膳食纤维、胡萝卜素、核黄素、钙、磷等营养成分，具有促进大脑发育、降血脂、降血压、软化血管等功效。

马蹄玉米炒核桃

扫一扫看视频

肉末西芹炒胡萝卜

扫一扫看视频

材料：

西芹 160 克，胡萝卜 120 克，肉末 65 克

调料：

料酒 4 毫升，盐 2 克，鸡粉 2 克，水淀粉 4 毫升，食用油适量

做法：

❶ 洗净的西芹切成粒；洗净去皮的胡萝卜切粒。

❷ 锅中注入清水烧开，倒入胡萝卜，煮至断生，捞出，沥干水分。

❸ 用油起锅，倒入肉末、料酒、西芹，炒匀。

❹ 放入胡萝卜、盐、鸡粉、水淀粉，炒至食材入味，盛出炒好的菜肴即可。

 小·贴士

胡萝卜含有蔗糖、葡萄糖、淀粉、胡萝卜素、钾、钙、磷等营养成分，具有益肝明目、健脾除疳、增强免疫力等功效。

山药木耳炒核桃仁

扫一扫看视频

材料：

山药90克，水发木耳40克，西芹50克，彩椒60克，核桃仁30克，白芝麻少许

调料：

盐3克，白糖10克，生抽3毫升，水淀粉4毫升，食用油适量

小·贴士

黑木耳含有木耳多糖、维生素K、钙、磷、铁及磷脂、烟酸等营养成分，能抑制血小板凝结，减少血液凝块，预防血栓的形成，对高血压有食疗作用。

做法：

❶ 山药切片；木耳、彩椒、西芹切小块。

❷ 锅中注水烧开，加盐、食用油，倒入山药、木耳、西芹、彩椒，煮断生，捞出。

❸ 用油起锅，倒入核桃仁，炸香，捞出与白芝麻拌匀；锅底留油，加白糖，倒入核桃仁，炒匀；盛出装碗，撒上白芝麻，拌匀。

❹ 热锅注油，倒入焯过水的食材，翻炒匀；加盐、生抽、白糖，炒匀调味；淋入水淀粉勾芡；盛出装盘，放上核桃仁即可。

双椒鸡丝

扫一扫看视频

材料：

鸡胸肉 250 克，青椒 75 克，彩椒 35 克，
红小米椒 25 克，花椒少许

调料：

盐 2 克，鸡粉、胡椒粉各少许，料酒 6 毫升，
水淀粉、食用油各适量

做法：

❶ 将洗净的青椒去
籽，切细丝；洗好
的彩椒切细丝；洗
净的红小米椒切小
段；洗好的鸡胸肉
切细丝。

❷ 把鸡肉丝装入碗
中，加入盐、料酒、
水淀粉，拌匀，再
腌渍约 10 分钟。

❸ 用油起锅，倒入
鸡肉丝、花椒、
红小米椒，淋入
料酒，炒出辣味。

❹ 加入青椒丝、彩
椒丝、盐、鸡粉、
胡椒粉、水淀粉，
炒匀，盛出炒好
的菜肴，装入盘
中即成。

材料：

干贝 200 克，火腿 20 克，香菇 15 克，鸡汤 500 毫升，蛋清 100 克

调料：

盐 2 克，鸡粉 2 克，水淀粉 4 毫升

做法：

❶ 洗净的香菇去蒂，再切成厚片；蛋清用筷子打散，加入鸡汤，搅匀。

❷ 蒸锅上火烧开，放入香菇、火腿、蛋液，蒸 5 分钟，取出蒸好的食材。

❸ 在蒸好的鸡蛋上加入干贝、香菇、火腿，将蒸盘放入蒸锅中，蒸 10 分钟至食材熟透，将蒸好的食材取出。

❹ 炒锅中倒入鸡汤，加入盐、鸡粉、水淀粉，调成芡汁，将调好的芡汁浇在干贝鸡蛋上即可。

小·贴士

干贝含有蛋白质、维生素 B_2、维生素 E、钙、磷、铁等营养成分，具有益气补血、增强免疫力、滋阴补肾等功效。

水晶干贝

扫一扫看视频

松仁豌豆炒玉米

扫一扫看视频

材料：

玉米粒 180 克，豌豆 50 克，胡萝卜 200 克，松仁 40 克,姜片、蒜末、葱段各少许

调料：

盐 4 克，鸡粉 2 克，水淀粉 5 毫升，食用油适量

做法：

❶ 胡萝卜切成丁，备用。

❷ 锅中注水烧开，加盐、食用油，倒入胡萝卜丁、玉米粒、豌豆，煮断生，捞出。

❸ 热锅注油，烧至四成热，放入松仁，炸 1 分钟，捞出，沥干油。

❹ 油爆姜片、蒜末、葱段，倒入玉米粒、豌豆、胡萝卜，炒匀；加盐、鸡粉调味；淋入入水淀粉勾芡，盛出装盘，撒上松仁即可。

 **小·贴士**

松仁含有亚油酸、亚麻油酸等不饱和脂肪酸，还含有钙、磷、铁等营养物质，具有养阴、熄风、润肺、滑肠等功效。

西芹炒核桃仁

扫一扫看视频

材料：

西芹100克,猪瘦肉140克,核桃仁30克,枸杞、姜片、葱段各少许

调料：

盐4克,鸡粉2克,水淀粉3毫升,料酒8毫升,食用油适量

小·贴士

核桃仁含有蛋白质、纤维素、胡萝卜素、核黄素及钙、磷、铁等营养物质,有预防动脉硬化、降低胆固醇含量的功效。

做法：

1

2

3

4

❶ 洗净的西芹切段;洗好的猪瘦肉切丁,装入碗中,加盐、鸡粉、水淀粉、食用油,拌匀,腌渍10分钟。

❷ 锅中注入清水烧开,加入食用油、盐、西芹,搅散,煮1分钟,将煮好的西芹捞出,沥干水分。

❸ 热锅注油,烧至三成热,放入核桃仁,将核桃仁炸出香味,捞出炸好的核桃仁。

❹ 锅底留油,倒入肉丁、料酒、姜片、葱段,炒匀,加入西芹、盐、鸡粉、枸杞,炒匀,盛出炒好的食材,装入盘中,撒上核桃仁即可。

豆腐蒸鹌鹑蛋

扫一扫看视频

材料：

豆腐200克，熟鹌鹑蛋45克，肉汤100毫升

调料：

鸡粉2克，盐少许，生抽4毫升，水淀粉、食用油各适量

小·贴士

豆腐能益气宽中、生津润燥、清热解毒、和脾胃、抗癌，还可以降低血铅浓度、保护肝脏、促进机体代谢，有助于幼儿生长发育。

做法：

❶ 洗好的豆腐切成条形；熟鹌鹑蛋去皮，对半切开。

❷ 把豆腐装入蒸盘，挖小孔，再放入鹌鹑蛋，摆好，压平，撒上盐。

❸ 蒸锅上火烧开，放入蒸盘，蒸熟，取出蒸盘。

❹ 用油起锅，倒入肉汤、生抽、鸡粉、盐、水淀粉，搅匀，制成味汁，盛出味汁，浇在豆腐上即可。

材料：

包菜 240 克，胡萝卜 80 克，金针菇 90 克，竹笋 100 克，姜丝少许

调料：

盐 3 克，鸡粉 2 克，生抽 3 毫升，水淀粉、食用油各适量

做法：

❶ 将洗净的金针菇切除根部；洗好去皮的竹笋切丝；去皮洗净的胡萝卜切细丝。

❷ 锅中注水烧开，放入包菜煮软，捞出；再倒入竹笋丝，煮断生后捞出；油爆姜丝，倒入竹笋丝、胡萝卜丝、金针菇、清水，炒软。

❸ 加盐、鸡粉、生抽，炒匀，盛出装盘，制成馅料；取煮软的包菜叶，铺开，盛入馅料，包好，制成数个包菜卷，放在蒸盘中。

❹ 蒸锅上火烧开，放入蒸盘，蒸至食材熟透，取出；炒锅中注水烧开，加盐、鸡粉、水淀粉，调成味汁，浇在包菜卷上即成。

·小·贴士·

金针菇含有 B 族维生素、维生素 C、胡萝卜素、植物血凝素、多糖、冬菇细胞毒素以及锌、镁、钾等矿物质，有缓解疲劳、抑制癌细胞、提高身体免疫力等功效。

翡翠玉卷

扫一扫看视频

黄瓜酿肉

扫一扫看视频

材料：
猪肉末 150 克，黄瓜
200 克，葱花少许

调料：
鸡粉 2 克，盐少许，
生抽 3 毫升，生粉
3 克，水淀粉、食用
油各适量

做法：

❶ 洗净的黄瓜去皮，切段；将切好的黄瓜段做成黄瓜盅，装入盘中。

❷ 在肉末中加入鸡粉、盐、生抽、水淀粉，拌匀，腌渍片刻。

❸ 锅中注水烧开，加入食用油、黄瓜段，拌匀，煮至断生，把焯煮好的黄瓜段捞出，装入盘中，在黄瓜盅内抹上生粉，放入猪肉末。

❹ 蒸锅注水烧开，放入食材，蒸 5 分钟至熟，取出蒸好的食材，撒上葱花即可。

 小·贴士

猪肉含有蛋白质、维生素 B_1、钙、磷、铁等营养成分，具有促进生长发育、改善缺铁性贫血、增强记忆力等功效。

清蒸开屏鲈鱼

扫一扫看视频

材料：

鲈鱼 500 克，姜丝、葱丝、彩椒丝各少许

调料：

盐 2 克，鸡粉 2 克，胡椒粉少许，蒸鱼豉油少许，料酒 8 毫升

·小·贴士·

鲈鱼含有蛋白质、维生素、钙、磷、铁、铜和氧化酶、核酸等营养成分，具有降低胆固醇、降血脂的作用，是高血脂病患者的理想食材。

做法：

❶ 将处理好的鲈鱼切去背鳍，再切下鱼头，鱼背部切一字刀，切相连的块状。

❷ 把鲈鱼装入碗中，放入盐、鸡粉、胡椒粉、料酒，抓匀，腌渍 10 分钟。

❸ 把腌渍好的鲈鱼放入盘中，摆放成孔雀开屏的造型，放入烧开的蒸锅中，蒸 7 分钟。

❹ 把蒸好的鲈鱼取出，放上备好的姜丝、葱丝、彩椒丝，浇上热油，最后加入蒸鱼豉油即可。

清蒸莲藕丸子

扫一扫看视频

材料：

莲藕 300 克，猪肉泥 100 克，糯米粉 80 克

调料：

鸡粉 2 克，盐少许，食用油适量

小·贴士

莲藕具有滋阴养血的功效，可以补五脏之虚、强壮筋骨、补血养血、清热润肺、凉血行瘀、健脾开胃、止泻固精。

做法：

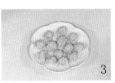

❶ 洗净去皮的莲藕切开，再切条，改切成丁，将藕丁拍碎，再切成末。

❷ 将莲藕末装入碗中，放入猪肉泥、鸡粉、盐、糯米粉，搅拌成泥。

❸ 取一个干净的盘子，淋上食用油，用手抹匀，用手将肉泥挤成丸子，装入盘中。

❹ 将丸子放入烧开的蒸锅，盖上盖，蒸至丸子熟透，把蒸熟的丸子取出即可。

1

2

3

4

材料：

芦笋 100 克，腊肉片 20 克，水发竹荪 35 克，清鸡汤 200 毫升

调料：

鸡粉 2 克，盐 2 克，生抽 5 毫升

做法：

① 洗好的竹荪切段；洗净去皮的芦笋切小段。

② 在鸡汤里加入鸡粉、盐、生抽，拌匀。

③ 将芦笋插入竹荪里，摆入盘中，再放上腊肉片，浇上调好的鸡汤。

④ 蒸锅上火烧开，放入食材，蒸约 15 分钟至食材熟透，取出蒸好的菜肴即可。

小·贴士

芦笋含有胡萝卜素、膳食纤维、香豆素、挥发油、硒、钼、铬、锰等营养成分，具有增进食欲、清热解毒、增强免疫力等功效。

上汤鸡汁芦笋

扫一扫看视频

拔丝莲子

扫一扫看视频

材料：

鲜莲子 100 克，面粉 30 克，生粉、熟白芝麻各适量

调料：

白糖 35 克，食用油适量

1

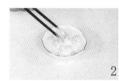

2

做法：

❶ 锅中注水烧热，放入洗净的莲子，煮约 6 分钟，至食材断生后捞出，沥干水分。

❷ 面粉装入小碗中，注入清水，拌匀，倒入煮好的莲子，拌匀，取出莲子，滚上生粉，制成生坯。

❸ 热锅注油，倒入莲子，搅匀，炸至食材熟透，捞出炸好的莲子，沥干油。

❹ 用油起锅，放入白糖，炒匀，熬至暗红色，倒入炸熟的莲子，炒匀，盛出菜肴，装入盘中，食用时拔出糖丝即成。

3

4

 **小·贴士**

莲子含有蛋白质、棕榈酸、亚油酸、亚麻酸、钙、磷、铁等营养成分，具有补脾止泻、益肾固精、养心安神等功效。

酸甜脆皮豆腐

扫一扫看视频

材料：

豆腐 250 克，生粉 20 克，酸梅酱适量

调料：

白糖 3 克，食用油适量

小·贴士

豆腐含有蛋白质、B 族维生素、叶酸、铁、镁、钾、铜、钙、锌、磷等营养成分，具有补中益气、清热润燥、生津止渴等功效。

做法：

❶ 将洗净的豆腐切开，再切长方块。

❷ 滚上一层生粉，制成豆腐生坯，取酸梅酱，加入白糖，拌匀，调成味汁。

❸ 热锅注油，烧至四五成热，放入豆腐，拌匀。

❹ 炸约 2 分钟，至食材熟透，捞出豆腐块，沥干油，装入盘中，浇上味汁即可。

酸甜柠檬红薯

扫一扫看视频

材料：

红薯 200 克，柠檬汁 40 毫升

调料：

白糖 5 克，食用油适量

 小·贴士

红薯含有膳食纤维、胡萝卜素、钾、铁、铜、硒、钙等营养成分，具有刺激肠道蠕动、促进消化液的分泌、缓解便秘等功效。

做法：

❶ 将洗净去皮的红薯切成滚刀块。

❷ 用油起锅，加入白糖，炒至溶化，呈暗红色，注入清水，拌匀，煮沸。

❸ 倒入切好的红薯，拌匀，煮 30 分钟。

❹ 倒入柠檬汁，拌匀，略煮，盛出煮好的汤水即可。

材料：

白萝卜 300 克，鹌鹑肉 200 克，党参 3 克，红枣、枸杞各 2 克，姜片少许

调料：

盐 2 克，鸡粉 2 克，料酒 9 毫升，胡椒粉适量

做法：

❶ 洗净去皮的白萝卜切厚片，再切条形，用斜刀切块，待用。

❷ 锅中注水烧开，倒入鹌鹑肉，汆去血渍，淋入料酒，拌匀，去除腥味，捞出汆煮好的鹌鹑肉，装盘。

❸ 砂锅中注入清水烧开，加入鹌鹑肉、姜片、党参、枸杞、红枣、料酒，拌匀，煲煮约 30 分钟。

❹ 倒入白萝卜，拌匀，续煮约 15 分钟至食材熟透，加入盐、鸡粉、胡椒粉，拌匀，盛出煮好的汤料即可。

小·贴士

白萝卜能促进新陈代谢、增进食欲、化痰清热、帮助消化，对食积胀满、吐血、消渴、头痛、排尿不利等症有食疗作用。

白萝卜炖鹌鹑

扫一扫看视频

春笋仔鲍炖土鸡

扫一扫看视频

材料：
土鸡块 300 克，竹笋 160 克，鲍鱼肉 60 克，姜片、葱段各少许

调料：
盐、鸡粉、胡椒粉各 2 克，料酒 14 毫升

做法：

❶ 洗净去皮的竹笋切成片；处理好的鲍鱼肉切片。

❷ 锅中注水烧开，倒入竹笋、料酒，煮断生，捞出；倒入鲍鱼，煮去腥味，捞出；倒入土鸡块，汆去血水，淋入料酒，去除腥味，捞出。

❸ 砂锅中注入清水烧热，放入姜片、葱段、鸡块、鲍鱼、竹笋、料酒，炖约 1 小时至食材熟透。

❹ 加入盐、鸡粉、胡椒粉，拌匀，煮至食材入味，盛出炖好的菜肴即可。

 小·贴士

鲍鱼含有蛋白质、维生素 A、钙、铁、碘等营养成分，具有补虚、滋阴、润肺、清热、养肝明目等功效。

芦笋煨冬瓜

扫一扫看视频

材料：

冬瓜 230 克，芦笋 130 克，蒜末、葱花各少许

调料：

盐 1 克，鸡粉 1 克，水淀粉、芝麻油、食用油各适量

做法：

❶ 洗净的芦笋用斜刀切段；洗好去皮的冬瓜去瓤，切成小块。

❷ 锅中注水烧开，倒入冬瓜块、食用油，煮约半分钟，倒入芦笋段，拌匀，煮约半分钟，至食材断生，捞出焯煮好的材料，沥干水分。

❸ 用油起锅，放入蒜末，爆香，倒入焯过水的材料，翻炒均匀。

❹ 加入盐、鸡粉、清水，炒匀，煮约半分钟，至食材熟软，倒入水淀粉、芝麻油，炒至食材入味，盛出锅中的食材即可。

奶油炖菜

扫一扫看视频

材料：

去皮胡萝卜 80 克，春笋 100 克，口蘑 50 克，去皮土豆 150 克，西蓝花 100 克，奶油、黄油各 5 克，面粉 35 克

调料：

黑胡椒粉 1 克，料酒 5 毫升

小·贴士

西蓝花含有丰富的维生素 C、胡萝卜素、B 族维生素、钙、磷、铁等多种营养物质，具有保护心血管、提高人体防癌功能、降低血脂等功效。

做法：

❶ 洗净的口蘑去柄；洗好的胡萝卜切滚刀块；洗净的春笋切开，改切滚刀块；洗好的土豆切滚刀块；洗好的西蓝花切小朵。

❷ 锅中注水烧开，倒入春笋、料酒，拌匀，焯煮约 20 分钟至去除其苦涩味，捞出焯好的春笋。

❸ 另起锅，加入黄油、面粉，拌匀，注入清水，烧热，倒入春笋、胡萝卜、口蘑、土豆，拌匀，炖约 15 分钟至食材熟。

❹ 放入西蓝花、盐、奶油、黑胡椒粉，拌匀，盛出煮好的炖菜，装盘即可。

材料：

鲢鱼 450 克, 木瓜 160 克, 红枣 15 克, 姜片、葱段各少许

调料：

盐 3 克, 料酒 8 毫升, 橄榄油适量

做法：

❶ 洗净去皮的木瓜去瓤, 切小块; 处理干净的鲢鱼切块, 装入碗中, 加盐、料酒, 拌匀, 腌渍约 10 分钟。

❷ 锅置火上, 加入橄榄油, 放鱼块, 煎至两面断生, 撒上姜片、葱段, 炒出香味。

❸ 将锅中的材料盛入砂锅中, 将砂锅置于火上, 加入清水、木瓜块、红枣, 搅匀, 煮约 10 分钟。

❹ 放入适量盐、料酒, 煮至食材熟透, 盛出, 装入碗中即可。

小·贴士

鲢鱼含有蛋白质、维生素 A、钙、镁、钾、磷等营养成分, 具有利水祛湿、开胃消食、增强免疫力等功效。

青木瓜煲鲢鱼

扫一扫看视频

醋拌莴笋萝卜丝

材料：

莴笋 140 克，白萝卜 200 克，蒜末、葱花各少许

调料：

盐 3 克，鸡粉 2 克，陈醋 5 毫升，食用油适量

做法：

❶ 将洗净去皮的白萝卜切细丝；洗好去皮的莴笋切细丝，备用。

❷ 锅中注入清水烧开，放入盐、食用油、白萝卜丝、莴笋丝，搅匀，再煮约 1 分钟。

❸ 至食材熟软后捞出，沥干水分。

❹ 将焯煮好的食材放在碗中，加入蒜末、葱花、盐、鸡粉、陈醋，拌至食材入味，取盘子，放入拌好的食材，摆好即成。

 小·贴士

莴笋的矿物质、维生素含量较高，尤其是含有较多的烟酸。烟酸是胰岛素的激活剂，糖尿病患者经常吃些莴笋，可改善糖的代谢功能。

冬瓜红豆汤

扫一扫看视频

材料：

冬瓜 300 克，水发红豆 180 克

调料：

盐 3 克

做法：

❶ 洗净去皮的冬瓜切块，再切条，改切成丁。

❷ 砂锅中注入清水烧开，倒入洗净的红豆，炖 30 分钟至红豆熟软。

❸ 放入冬瓜丁，炖 20 分钟至食材熟透。

❹ 放入盐，拌匀，盛出煮好的汤料，装入碗中即成。

冬瓜银耳莲子汤

扫一扫看视频

材料：

冬瓜 300 克，水发银耳 100 克，水发莲子 90 克

调料：

冰糖 30 克

小·贴士

冬瓜含有抗坏血酸、硫胺素、核黄素及钾、钙、锌等营养物质，其钾含量显著高于钠含量，属典型的高钾低钠型蔬菜，对需进食低钠食物的高血压病患者大有益处。

做法：

❶ 洗净的冬瓜去皮，切丁；洗好的银耳切小块。

❷ 砂锅中注入清水烧开，倒入莲子、银耳，煮 20 分钟，至食材熟软。

❸ 倒入冬瓜丁，拌匀，再煮 15 分钟，至冬瓜熟软。

❹ 放入冰糖，拌匀，续煮至冰糖溶化，将煮好的汤料盛出，装入汤碗中即可。

材料：

水发黄花菜 100 克，
鸡蛋 50 克，葱花少许

调料：

盐 3 克，鸡粉 2 克，
食用油适量

做法：

1. 将洗净的黄花菜切去根部，待用。
2. 将鸡蛋打入碗中，打散、调匀。
3. 锅中注入清水烧开，加入盐、鸡粉、黄花菜、食用油，拌匀，煮约 2 分钟，至其熟软。
4. 倒入蛋液，边煮边搅拌，略煮一会儿，至液面浮出蛋花，盛出煮好的鸡蛋汤，装入碗中，撒上葱花即成。

小·贴士

黄花菜含有 B 族维生素、膳食纤维、维生素 C、钙、胡萝卜素等营养成分，有消炎、清热、利湿的功效。

黄花菜鸡蛋汤

扫一扫看视频

蘑菇浓汤

扫一扫看视频

材料：

口蘑65克，奶酪20克，黄油10克，面粉12克，鲜奶油55克

调料：

盐、鸡粉、鸡汁各少许，芝麻油、水淀粉、食用油各适量

1

2

做法：

❶ 洗净的口蘑去蒂，切成小丁块。

❷ 锅中注水烧开，加入盐、鸡粉、口蘑、拌匀，煮1分钟至其七成熟，捞出焯煮好的口蘑，沥干水分。

❸ 炒锅注油烧热，倒入黄油，煮至溶化，放入面粉、清水、口蘑、鸡汁，拌匀，煮至沸腾。

❹ 放入奶酪、盐、鲜奶油，煮成黏稠状，淋入芝麻油，拌匀，盛出煮好的食材，装入碗中即可。

3

4

 小·贴士

口蘑含有蛋白质、纤维素、维生素D、维生素E、钾、镁、磷等营养成分，具有预防便秘、促进排毒、增强免疫力等功效。

奶香牛骨汤

扫一扫看视频

材料：

牛奶250毫升，牛骨600克，香菜20克，姜片少许

调料：

盐2克，鸡粉2克，料酒适量

小·贴士

牛奶具有补肺养胃、生津润肠之功效；牛奶中的镁元素会促进心脏和神经系统的耐疲劳性；牛奶能润泽肌肤，经常饮用可使皮肤白皙光滑，增加弹性。

做法：

❶ 洗净的香菜切段，备用。

❷ 锅中注水烧开，倒入牛骨、料酒，汆去血水，把牛骨捞出，沥干水分。

❸ 砂锅中注入清水烧开，放入牛骨、姜片、料酒，拌匀，炖2小时至熟。

❹ 加入盐、鸡粉、牛奶，煮沸，盛出煮好的汤料，装入碗中，放上香菜即可。

青橄榄鸡汤

扫一扫看视频

材料：

鸡肉350克，玉米棒150克，胡萝卜70克，青橄榄40克，姜片、葱花各少许

调料：

鸡粉2克，胡椒粉少许，盐2克，料酒6毫升

·小·贴·士·

鸡肉蛋白质含量高，而脂肪含量低，还含有维生素、磷、铁、铜、锌等营养成分，具有增强免疫力、温中益气、补虚填精、健脾胃、活血脉、强筋骨等功效。

做法：

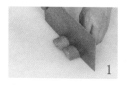

❶ 洗净的胡萝卜切小块；洗好的玉米棒切厚块；洗净的鸡肉斩切小块。

❷ 锅中注入清水烧开，放入鸡肉块，煮约半分钟，汆去血水，捞出汆煮好的鸡肉块，沥干水分。

❸ 砂锅中倒入清水烧开，倒入鸡块、青橄榄、姜片、玉米、胡萝卜、料酒，拌匀，煮40分钟至食材熟透。

❹ 撇去浮沫，加入盐、鸡粉、胡椒粉，拌匀，略煮片刻至汤汁入味，盛出煮好的汤料，装入碗中，放入葱花即可。

材料：
排骨段 350 克，莲藕 200 克，红椒片、青椒片、洋葱片各 30 克，姜片、八角、桂皮各少许

调料：
盐 2 克，鸡粉 2 克，老抽 3 毫升，生抽 3 毫升，料酒 4 毫升，水淀粉 4 毫升，食用油适量

做法：

❶ 将洗净去皮的莲藕切丁；锅中注水烧开，倒入排骨，汆去血水，捞出沥干。

❷ 用油起锅，放入八角、桂皮、姜片，爆香，倒入排骨，翻炒匀，淋入料酒，加生抽，炒香。

❸ 加适量清水，放入莲藕，放盐、老抽，大火煮沸，用小火焖 35 分钟。

❹ 加入青红椒和洋葱，炒匀，放鸡粉，大火收汁后用水淀粉勾芡即可。

小·贴士

排骨含有蛋白质、脂肪、维生素 A、维生素 E 及多种微量元素，具有滋阴壮阳、益精补血等作用。

排骨酱焖藕

扫一扫看视频

PART 5

启蒙期儿童（7~12岁）的营养菜

　　7~12岁的儿童正处于迅速发育阶段，对维生素、钙质等营养要求较高，这个时期应注意膳食的多样化，且量要充足，做到营养平衡合理。可根据季节及市场供应情况，做到主副食、粗细搭配合理，荤素、干湿适宜，多供给乳类和豆制品，保证钙的供应充足。

一 7 ~ 12 岁启蒙期儿童的膳食安排

7 ~ 12 岁的儿童，处于小学生时期。这个时期孩子的生长发育速度虽较幼儿期稍稍缓慢，但机体各个脏腑器官仍然在迅速发育，特别是大脑和智力的发育是人生中最旺盛的时期。小学时期摄入营养的多少直接关系到孩子德、智、体、学的全面发展。

1 启蒙期儿童的营养和膳食特点

7 ~ 12 岁的儿童，在饮食方面，应全面、均衡地营养摄取。为了满足中小学生生长发育所需要的营养，父母必须充分考虑启蒙期儿童的生理特点和生长速度，以及新陈代谢和运动量的大小，来科学安排其膳食。

由于启蒙期的儿童生长发育需要的优质蛋白质最多，所以需经常摄入一些富含优质蛋白的食物，如肉、蛋、奶、鱼、禽、豆制品等，同时要适当补充一些脂肪和碳水化合物。这三种营养素在总热能的分配上比较合适的比例是：蛋白质占总热能的 12% ~ 14%，脂肪占总热能的 25% ~ 30%，碳水化合物占总热能的 55% ~ 65%。

2 启蒙期儿童膳食安排的注意事项

7 ~ 12 岁启蒙期儿童的生活节奏和成人相差无几，但其胃容量小，消化能力尚未完全成熟，所以还需要加以照顾。而小学高年级后期孩子进入复习升学考试期，也进入了生长的突增期。这一时期他们因集中注意力，专心学习，活动时间减少，压力增大，所以对各类营养素的需要量增加，在膳食安排上应注意以下方面。

一是在平衡膳食热能的前提下，注意蛋白质的质与量以及其他营养素的供给。选择食物要多样化，平衡搭配，并保证数量充足。选择的主副食应粗细搭配，荤素适当，干稀适宜，并多供给乳类和豆制品，保证蛋白质和钙、铁的充足供应。

二是三餐应安排合理，除三餐外还应增加一次点心供应。三餐能量分配可为早餐 20% ~ 25%、午餐 35%、点心 10% ~ 15%、晚餐 30%。早餐要丰富质优，使孩子吃饱、吃好。如果早餐不吃或者吃不好，孩子不到午餐时间就出现饥饿感，影响学习的同时，还危害了健康。早餐可选择面包、蛋糕、花卷、鸡蛋及稀粥等食物。午餐也要给予充分重视，有条件的可以在学校吃学生营养餐，或者让家长提供质量较好的午餐，因为整个下午的学习和活动需要充足的营养供应。晚餐则要适当丰盛，而一般家庭的晚餐也最为正式，对补充学生中午营养和能量的摄入不足很有好处，但同时要注意，食物不要油腻过重或吃得过饱，否则会影响休息和睡眠。

三是每天摄取蔬菜要足够，时令水果也要适量食用，这样有助于维生素和矿物质的摄取。要特别注意对钙、锌、铁、铜、镁等矿物质和维生素 A、维生素 B_1、维生素 B_2、维生素 B_6、维生素 B_{12}、维生素 C、维生素 E 等维生素的摄取。

四是培养良好的饮食习惯，注意饮食卫生，饭前便后应洗手，进餐时精神放松、心情愉快，细嚼慢咽，养成不偏食、不挑食、少吃零食的好习惯。

3 启蒙期儿童每日食物推荐

每日牛奶 250 ～ 400 毫升，豆浆 200 ～ 300 毫升。

主食以谷类（米面类）为主，可以做成米粥、米饭、面条、饺子、馄饨、花卷等，每日 150 ～ 300 克。

蔬菜是维生素、矿物质和纤维素的主要来源。主要为胡萝卜、油菜、小白菜、菠菜、豌豆荚、苋菜、西红柿、土豆、南瓜、西蓝花等。每日最佳摄入量为 200 ～ 400 克。

新鲜水果 100 ～ 150 克，是维生素和矿物质的主要来源，如苹果、柑橘、桃、香蕉、猕猴桃、草莓、梨、西瓜、甜瓜等都可选用。

畜肉禽类和水产类也应适量食用，如猪肉、牛肉、鸡肉、鸭肉、鲈鱼、鲶鱼、鲑鱼、鳝鱼都适合启蒙期儿童食用。每日的供给最好为畜肉禽类 100 ～ 150 克、蛋类 50 克、豆制品 100 克、植物油 15 ～ 20 毫升。

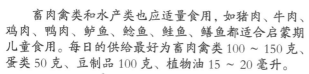

白萝卜冬瓜豆浆

扫一扫看视频

材料：

水发黄豆 60 克，冬瓜 15 克，白萝卜 15 克

调料：

盐 1 克

小·贴士

白萝卜含有膳食纤维、钙、磷、铁、钾、维生素 C、叶酸等营养成分，具有增强免疫力、促进消化、保护肠胃、生津祛燥等功效。

做法：

❶ 洗净去皮的冬瓜切小丁块，洗好去皮的白萝卜切小丁块。

❷ 把已浸泡 8 小时的黄豆、冬瓜丁、白萝卜丁倒入豆浆机，注入适量清水，至水位线即可。

❸ 盖上豆浆机机头，选择"五谷"程序，待豆浆机运转约 15 分钟，即成豆浆。

❹ 把煮好的豆浆倒入滤网，滤取豆浆，将豆浆倒入碗中，加入盐，拌匀，待稍凉后即可饮用。

鸡蛋木耳粥

扫一扫看视频

材料：

蛋液40克，大米200克，水发木耳10克，菠菜15克

调料：

盐2克，鸡粉2克

小·贴士

黑木耳含有蛋白质、胡萝卜素、B族维生素、磷脂、多糖、钙、磷、铁等营养成分，具有益气、润肺、凉血、止血、养颜等功效。

做法：

❶ 锅中注水烧开，倒入洗好的菠菜，煮片刻至其变软，将菠菜捞出，沥干水分。

❷ 把放凉的菠菜切成均匀的小段；蛋液倒入碗中，搅散、调匀，制成蛋液。

❸ 砂锅中注入清水烧开，倒入洗净的大米，搅匀，煮40分钟。

❹ 加入木耳、盐、鸡粉、菠菜、蛋液，拌匀，将煮好的粥盛出，装入碗中即可。

材料：

水发大米 130 克，莲藕 70 克，菱角肉 85 克，马蹄肉 40 克

调料：

白糖 3 克

做法：

❶ 将洗净的菱角肉切小块；洗好的马蹄肉切小块；去皮洗净的莲藕切丁。

❷ 砂锅中注入清水烧开，倒入洗净的大米。

❸ 放入食材，拌匀，煮约 40 分钟，至食材熟透。

❹ 加入白糖，搅匀，至糖分溶化，盛出煮好的莲藕粥，装在小碗中即可。

·小·贴士

莲藕含有蛋白质、膳食纤维、维生素 C、钙、铁等营养成分，具有益气补血、止血散瘀、健脾开胃等功效。

菱角莲藕粥

扫一扫看视频

麦芽山楂鸡蛋羹

扫一扫看视频

材料：

麦芽 25 克，山楂 55 克，山药 30 克，鸡蛋 2 个

做法：

❶ 洗净的山楂切去头尾，再切开，去核。

❷ 砂锅中注水烧热，倒入麦芽、山楂、山药，拌匀，煮约 20 分钟至其析出有效成分，盛出药汁，滤入碗中。

❸ 将鸡蛋打入碗中，调匀，倒入药汁，拌匀。

❹ 取蒸碗，倒入鸡蛋液；蒸锅上火烧开，放入蒸碗，蒸至食材熟透，取出蒸碗，待稍微放凉后即可食用。

 **小·贴士**

山药具有健脾补肺、益胃补肾、固肾益精、助五脏、强筋骨、长志安神、延年益寿的功效，对脾胃虚弱、食欲不振、肺气虚燥、消渴尿频等症状有食疗作用。

肉末蒸蛋

扫一扫看视频

材料：

鸡蛋3个，肉末90克，姜末、葱花各少许

调料：

盐2克，鸡粉2克，生抽2毫升，料酒2毫升，
食用油适量

小贴士

鸡蛋含有蛋白质、卵磷脂、固醇类、蛋黄素、维生素、钙、铁、钾等营养成分，具有增强免疫力、养心安神、滋阴润燥等功效。

做法：

❶ 用油起锅，倒入姜末，爆香，放入肉末、生抽、料酒、鸡粉、盐，炒匀，盛出炒好的肉末。

❷ 取小碗，打入鸡蛋，加入盐、鸡粉、温开水，拌匀，调成蛋液。

❸ 取蒸碗，倒入蛋液，撇去浮沫，蒸锅上火烧开，放入蒸碗。

❹ 蒸约10分钟至熟，待蒸汽散去，取出蒸碗，撒上炒好的肉末，点缀上葱花即可。

爆素鳝丝

扫一扫看视频

材料：

水发香菇165克，蒜末少许

调料：

盐、鸡粉各2克，生抽4毫升，陈醋6毫升，
生粉、水淀粉、食用油各适量

小·贴士

香菇含有香菇多糖、粗纤维、维生素 B_1、维生素 B_2、钙、磷、铁等营养成分，具有促进消化、增强免疫力、延缓衰老等功效。

做法：

1

2

3

4

❶ 香菇剪成长条，修成鳝鱼的形状，装入碗中，加盐、水淀粉、生粉，拌匀，制成素鳝丝生坯。

❷ 热锅注油，烧至四成热，放入生坯，用中小火炸至熟透，捞出，沥干油。

❸ 用油起锅，放入蒜末，爆香；注入清水，加盐、鸡粉、生抽、陈醋，炒匀；用水淀粉勾芡，调成味汁。

❹ 取一个盘子，放入炸熟的素鳝丝，浇上味汁即可。

材料：

草菇70克，彩椒20克，花菜180克，猪瘦肉240克，姜片、蒜末、葱段各少许

调料：

盐3克，生抽4毫升，料酒8毫升，蚝油、水淀粉、食用油各适量

做法：

❶ 草菇对半切开；彩椒切粗丝；花菜切小朵。

❷ 猪瘦肉切细丝，装碗，加料酒、盐、水淀粉、食用油，拌匀，腌渍10分钟。

❸ 锅中注水烧开，加盐、料酒，倒入草菇，煮去涩味；放入花菜，加食用油，煮至断生；倒入彩椒，煮片刻，捞出食材。

❹ 起油锅，倒入肉丝、姜片、蒜末、葱段，炒香；倒入焯过水的食材，炒匀；加盐、生抽、料酒、蚝油、水淀粉，炒入味即可。

小·贴士

花菜含有胡萝卜素、维生素C、维生素K、食物纤维、钙、磷、铁等营养成分，具有促进生长、清热解渴、增强免疫力、利尿通便等功效。

草菇花菜炒肉丝

扫一扫看视频

茶树菇炒鸡丝

扫一扫看视频

材料：

茶树菇 250 克，鸡肉 200 克，鸡蛋清 50 克，红椒 45 克，青椒 30 克，葱段、蒜末、姜片各少许

调料：

盐 4 克，料酒 12 毫升，白胡椒粉 2 克，水淀粉 8 毫升，鸡粉 2 克，白糖 3 克，食用油适量

做法：

1. 红椒切小条；青椒切小条；鸡肉切丝，装碗，加盐、料酒、白胡椒粉、鸡蛋清、水淀粉、食用油，腌渍 10 分钟。
2. 锅中注水烧开，倒入茶树菇，氽煮去杂质，捞出。
3. 热锅注油烧热，倒入鸡肉丝，炒至转色；倒入姜片、蒜末，炒香；倒入茶树菇，淋入料酒、清水，炒匀。
4. 加盐、鸡粉、白糖，炒匀调味；倒入青椒、红椒，快速翻炒匀；淋入水淀粉勾芡，放入葱段炒香即可。

 ·小·贴士

鸡肉具有温中益气、补精填髓、益五脏、补虚损、健脾胃、强筋骨的功效，能补充人体所缺少的营养素，使皮肤充满弹性，延缓皮肤衰老。

冬笋炒枸杞叶

扫一扫看视频

材料：

枸杞叶 80 克，水发香菇 70 克，冬笋 180 克

调料：

盐 3 克，鸡粉 2 克，水淀粉 4 毫升，食用油适量

小贴士

冬笋含有多种氨基酸、维生素，以及纤维素、钙、磷、铁等营养成分，能促进肠道蠕动，既有助于消化，又能增进食欲。

做法：

❶ 洗好的香菇切丝；洗净去皮的冬笋切丝。

❷ 锅中注水烧开，放入盐、冬笋、香菇，煮 1 分钟，至其断生，捞出，沥干水分。

❸ 锅中注入食用油烧热，放入枸杞叶、冬笋、香菇，翻炒均匀。

❹ 加入盐、鸡粉、水淀粉，炒匀，盛出炒好的食材，装入盘中即可。

豆豉荷包蛋

扫一扫看视频

材料：

鸡蛋3个，蒜苗80克，小红椒1个，豆豉20克，蒜末少许

调料：

盐、鸡粉各3克，生抽、食用油各适量

小·贴士

蒜苗含有维生素C、胡萝卜素、硫胺素、核黄素等营养成分，具有保护肝脏、防癌抗癌等功效。

做法：

1

❶ 将洗净的小红椒切小圈；洗好的蒜苗切段。

2

❷ 用油起锅，打入鸡蛋，煎至成形，把煎好的荷包蛋放入碗中；按同样方法再煎2个荷包蛋。

3

❸ 锅底留油，放入蒜末、豆豉，炒香，加入小红椒、蒜苗，炒匀。

4

❹ 放入荷包蛋、盐、鸡粉、生抽，炒匀，盛出炒好的荷包蛋，装入盘中即可。

材料：

豆腐 400 克，肉末 200 克，香肠 25 克，葱花少许

调料：

盐 3 克，鸡粉 2 克，花椒粉、胡椒粉各少许，豆瓣酱 6 克，辣椒酱 10 克，料酒 4 毫升，生抽 6 毫升，水淀粉、花椒油、食用油各适量

做法：

❶ 将洗净的香肠切成粒；洗好的豆腐切长方块。

❷ 把肉末装入碗中，倒入香肠粒、花椒粉、胡椒粉、盐、鸡粉、生抽、花椒油，拌匀，腌渍约 10 分钟，至其入味，即成馅料。

❸ 热锅注油，放入豆腐块，炸至金黄色，捞出装盘，掏出豆腐块的中间部分，放入馅料，压实，制成荷包豆腐坯，再用油煎至馅料断生。

❹ 加料酒、清水、生抽、豆瓣酱、辣椒酱、盐、鸡粉，焖煮入味，盛出豆腐块，将汤汁烧热，加水淀粉制成味汁，浇在豆腐块上，撒上葱花即成。

小·贴士

豆腐含有蛋白质、B 族维生素、叶酸、铁、镁、钾、铜、钙、磷等营养成分，具有降血压、降血脂、帮助消化、增进食欲等作用。

荷包豆腐

扫一扫看视频

红烧小土豆

扫一扫看视频

材料：

小土豆 400 克，姜片、蒜末、葱花各少许

调料：

豆瓣酱 10 克，鸡粉 2 克，白糖 3 克，水淀粉 4 毫升，食用油适量

做法：

1. 热锅注油，烧至五成热，放入去皮洗净的小土豆，炸至土豆呈金黄色，捞出炸好的土豆，沥干油。
2. 锅底留油，放入姜片、蒜末，爆香，加入豆瓣酱，炒出香味。
3. 加入清水，煮沸，放入鸡粉、白糖、小土豆，炒匀。
4. 焖 2 分钟，至食材入味，淋入水淀粉，炒匀，盛出锅中的食材，装入盘中，撒上葱花即可。

 小·贴士

土豆含有蛋白质、维生素 B_1、维生素 B_2、维生素 C、钙、磷、镁、钾等营养成分，能健脾和胃、益气调中，对脾胃虚弱、消化不良、肠胃不和、便秘有食疗作用。

黄瓜里脊片

扫一扫看视频

材料：

黄瓜 160 克，猪瘦肉 100 克

调料：

鸡粉 2 克，盐 2 克，生抽 4 毫升，芝麻油 3 毫升

小·贴士

黄瓜含有膳食纤维、碳水化合物、维生素 B_2、维生素C、胡萝卜素、磷、铁等营养成分，具有清热除湿、降血脂、镇痛、促消化等功效。

做法：

1

2

3

4

❶ 洗好的黄瓜去瓤，切块；洗净的猪瘦肉切薄片。

❷ 锅中注入清水烧开，放入肉片、料酒，拌匀，煮至变色，捞出，沥干水分。

❸ 取碗，加入鲜汤、鸡粉、盐、生抽、芝麻油，拌匀，调成味汁。

❹ 另取盘，放入黄瓜，摆放整齐，放入瘦肉片，叠放整齐，浇上备好的味汁，摆好盘即成。

酱焖四季豆

扫一扫看视频

材料：

四季豆 350 克，蒜末 10 克

调料：

黄豆酱 15 克，辣椒酱 5 克，盐、食用油各适量

小·贴士

四季豆性微温，味甘、淡，归脾、胃经，化湿而不燥烈，健脾而不滞腻，为脾虚湿停常用之品，有调和脏腑、安养精神、益气健脾、消暑化湿和利水消肿的功效。

做法：

❶ 锅中注水烧开，放入盐、食用油、四季豆，搅匀煮至断生，捞出，沥干水分。

❷ 热锅注油烧热，倒入辣椒酱、黄豆酱，爆香。

❸ 加入清水、四季豆、盐，炒匀，焖 5 分钟至熟透。

❹ 倒入葱段，翻炒一会儿，将炒好的菜盛出装入盘中，放上蒜末即可。

材料：

花菜 270 克，豆角 380 克，熟五花肉 200 克，洋葱 100 克，青彩椒 50 克，红彩椒 60 克，豆瓣酱 40 克，姜片少许

调料：

盐、鸡粉各 1 克，水淀粉 5 毫升，食用油适量

做法：

❶ 洋葱切块；青彩椒、红椒切菱形片；熟五花肉切片；豆角切小段；花菜去梗，剩余部分切小块。

❷ 沸水锅中倒入花菜，汆煮片刻；放入豆角，煮至断生，捞出，沥干水分。

❸ 另起锅注油，倒入五花肉，拨散；放入姜片，炒至油脂析出；放入豆瓣酱，翻炒匀。

❹ 倒入花菜、豆角，炒匀；加盐、鸡粉，注入清水，炒匀；倒入青红彩椒、洋葱，炒至熟软；淋入水淀粉勾芡即可。

小·贴士

花菜含有纤维素、胡萝卜素、碳水化合物、维生素 C、钙、磷等营养物质，具有抗癌防癌、促进食欲等功效。

酱香花菜豆角

扫一扫看视频

酱大骨

扫一扫看视频

材料：

猪大骨 1000 克，香叶、茴香、桂皮、香葱、姜片各少许

调料：

生抽 5 毫升，老抽 5 毫升，白糖 3 克

1

2

3

4

做法：

❶ 锅中注入清水烧开，倒入猪大骨，汆煮片刻，去除杂质，将大骨捞出放入凉水中晾凉，捞出沥干。

❷ 砂锅中注入清水烧开，倒入大骨、香料、香葱、姜片，拌匀。

❸ 盖上锅盖，煮 1 个小时至酥软，掀开锅盖，盛出三大勺汤汁滤到碗中。

❹ 在砂锅内加入适量生抽、老抽、白糖，拌匀，续煮 1 个小时，将大骨盛出装入盘中，将备好的汤汁摆在边上即可。

 小·贴士

猪骨含有维生素 E、蛋白质、脂肪、铁、烟酸等成分，具有增强免疫力、美容润肤、益气补血等功效。

可乐猪蹄

扫一扫看视频

材料：

可乐250毫升，猪蹄400克，红椒15克，葱段、姜片各少许

调料：

盐3克，鸡粉2克，白糖2克，料酒15毫升，生抽4毫升，水淀粉、芝麻油、食用油各适量

小·贴士

猪蹄含有蛋白质、维生素A、钙、磷、镁、铁等营养成分，具有补虚弱、填肾精、安神助眠、美容护肤等功效。

做法：

❶ 洗净的红椒对半切开，去籽，切片。

❷ 锅中注入清水烧开，倒入猪蹄、料酒，煮沸，氽去血水，捞出氽煮好的猪蹄，沥干水分，装盘。

❸ 热锅注油，放入姜片、葱段、猪蹄、生抽、料酒，翻炒均匀。

❹ 加入可乐、盐、白糖、鸡粉，焖至食材熟软，夹出葱段、姜片，放入红椒片、水淀粉、芝麻油，炒香，盛入盘中即可。

奶油鳕鱼

扫一扫看视频

材料：

鳕鱼肉 300 克，鸡蛋 1 个，奶油 60 克，
面粉 100 克，姜片、葱段各少许

调料：

盐、胡椒粉各 2 克，料酒、食用油各适量

小·贴士

鸡蛋含有蛋白质、卵磷脂、
卵黄素、铁、磷、钙等元素，
具有保护肝脏、补肺养血、
滋阴润燥、养心安神等功效。

做法：

❶ 洗净的鳕鱼肉放入
碗中，加入盐、料
酒、姜片、葱段、
胡椒粉，拌匀，腌
渍约 20 分钟，至
其入味。

❷ 在腌渍好的鳕鱼
肉上打入蛋清，
拌匀。

❸ 煎锅置于火上，
倒入食用油，烧
热，将鳕鱼滚上
面粉，放入煎锅
中，煎至两面熟
透，盛出鱼块。

❹ 煎锅置于火上，倒
入奶油，烧至溶
化，倒入鱼块，煎
一会儿，至鱼肉入
味，盛出煎好的鱼
肉即可。

205

材料：

芋头 300 克，泥鳅 170 克，姜片、蒜末、葱段各少许

调料：

盐 2 克，鸡粉 2 克，生粉 15 克，生抽 7 毫升，食用油适量

做法：

❶ 洗净去皮的芋头切小丁块；洗好的泥鳅划开，去除内脏和污渍，洗净；取盘，放入泥鳅、生抽、生粉，拌匀，腌渍约 10 分钟。

❷ 热锅注油，倒入芋头，拌匀，炸约 1 分钟，至六七成熟，捞出，沥干油；把泥鳅放入油锅，拌匀，炸至焦脆，捞出，沥干油。

❸ 锅底留油烧热，倒入姜片、蒜末、葱段，爆香，加入温水、生抽、盐、鸡粉，炒匀，煮至汤汁沸腾。

❹ 倒入芋头，拌匀，煮约 5 分钟，加入泥鳅，炒至其入味，盛出锅中的食材，装盘即可。

小·贴士

芋头具有益胃、宽肠、通便、解毒、补中益肝肾、消肿止痛、散结、调节中气、化痰等功效，对肿块、便秘等症有食疗作用。

泥鳅烧香芋

扫一扫看视频

茄汁香煎三文鱼

扫一扫看视频

材料:

三文鱼 160 克,洋葱 45 克,彩椒 15 克,芦笋 20 克,鸡蛋清 20 克

调料:

番茄酱 15 克,盐 2 克,黑胡椒粉 2 克,生粉适量

做法:

1. 彩椒切粒;洋葱切粒;芦笋切丁。
2. 三文鱼装碗,加盐、黑胡椒、蛋清、生粉,拌匀,腌渍 15 分钟。
3. 煎锅倒油烧热,放入三文鱼,小火煎至两面熟透,盛出装盘。
4. 锅底留油烧热,倒入洋葱炒软;放入芦笋、彩椒,翻炒片刻;加番茄酱,注入清水,煮沸,加盐,调成味汁,浇在鱼块上即可。

小·贴士

芦笋含有膳食纤维、维生素 B_1、维生素 B_2、硒、钼、铬、锰等营养成分,具有调节机体代谢、增强免疫力、清热解暑、降血压等功效。

青梅炆鸭

扫一扫看视频

材料：

鸭肉块 400 克，土豆 160 克，青梅 80 克，
洋葱 60 克，香菜适量

调料：

盐 2 克，番茄酱适量，料酒、食用油各
适量

小·贴士

鸭肉含有蛋白质、维生素
B₁、维生素 B₂、烟酸、钙、
磷、铁等营养成分，具有
大补虚劳、补血行水、养
胃生津、清热解毒等功效。

做法：

❶ 将洗净去皮的土豆
切块状；洗好的洋
葱切片；青梅切去
头尾。

❷ 锅中注入清水烧
开，倒入鸭肉块、
料酒，拌匀，煮 2
分钟，氽去血渍，
捞出，沥干水分。

❸ 用油起锅，放入
鸭肉、洋葱、番
茄酱，炒香。

❹ 加入清水、青梅、
土豆、盐、拌匀，
续煮 30 分钟，至
食材熟透，盛出炒
好的菜肴，放上适
量香菜即可。

酸豆角炒鸭肉

扫一扫看视频

材料：

鸭肉 500 克，酸豆角 180 克，朝天椒 40 克，姜片、蒜末、葱段各少许

调料：

盐 3 克，鸡粉 3 克，白糖 4 克，料酒 10 毫升，生抽 5 毫升，水淀粉 5 毫升，豆瓣酱 10 克，食用油适量

小·贴士

鸭肉含有蛋白质、钙、磷、铁、维生素 B_1、维生素 B_2、烟酸等营养成分，具有补阴益血、清虚热等功效。

做法：

❶ 处理好的酸豆角切段；洗净的朝天椒切圈。

❷ 锅中注水烧开，倒入酸豆角，煮半分钟，捞出；把鸭肉倒入沸水锅中，汆去血水，捞出。

❸ 油爆葱段、姜片、蒜末、朝天椒，倒入鸭肉，炒匀，淋入料酒，放入豆瓣酱、生抽，炒匀。

❹ 加少许清水，放入酸豆角，炒匀，放入盐、鸡粉、白糖，焖至食材入味，倒入水淀粉炒匀，盛出，放入葱段即可。

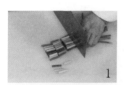

材料：

蒜薹 120 克，鸭胗 230
克，红椒 5 克，姜片、
葱段各少许

调料：

盐 4 克，鸡粉 3 克，
生抽 7 毫升，料酒 7
毫升，食粉、水淀粉、
食用油各适量

做法：

❶ 洗净的蒜薹切长段；洗好的红椒去籽，切细丝；洗净的鸭胗切片。

❷ 鸭胗装入碗中，加入生抽、盐、鸡粉、食粉、水淀粉、料酒，拌匀，
腌渍约 10 分钟，至其入味。

❸ 锅中注水烧开，加入食用油、盐、蒜薹，拌匀，煮约半分钟，
至六七成熟，捞出；把鸭胗倒入沸水锅中，拌匀，煮约 1 分钟，
捞出。

❹ 油爆红椒丝、姜片、葱段，放入鸭胗、生抽、料酒、蒜薹、盐，
鸡粉，炒匀，倒入水淀粉，炒入味，盛出炒好的菜肴即可。

小·贴士

蒜薹中含有丰富的膳食纤维、维生素 C 等营养成分，具有明显的降血脂及预防冠心
病和动脉硬化的作用。

蒜薹炒鸭胗

扫一扫看视频

糖醋菠萝藕丁

扫一扫看视频

材料：

莲藕 100 克，菠萝肉 150 克，豌豆 30 克，枸杞、蒜末、葱花各少许

调料：

盐 2 克，白糖 6 克，番茄酱 25 克，食用油适量

1

2

做法：

❶ 处理好的菠萝肉切成丁；洗净去皮的莲藕切成丁。

❷ 锅中注入清水烧开，加入食用油、藕丁、盐，搅匀，氽煮半分钟，倒入豌豆、菠萝丁，搅散，煮至断生，捞出，沥干水分。

❸ 用油起锅，倒入蒜末，爆香，倒入焯过水的食材，翻炒均匀。

❹ 加入白糖、番茄酱，炒至食材入味，撒入枸杞、葱花，炒出葱香味，将炒好的食材盛出，装入盘中即可。

3

4

 小·贴士

莲藕含有淀粉、蛋白质、维生素 C、氧化酶、钙、磷、铁等营养成分，具有养胃滋阴、益气补血、清热解烦、改善食欲不振等功效。

糖醋藕排

扫一扫看视频

材料：

莲藕 230 克，西红柿 40 克，圆椒 20 克，鸡蛋 1 个

调料：

番茄酱 20 克，盐 2 克，白糖 4 克，白醋 10 毫升，生粉、食用油各适量

 小·贴士

莲藕口感脆嫩清甜，含有丰富的膳食纤维素、维生素、矿物质，有润燥的作用。

做法：

❶ 将去皮洗净的莲藕切条形；洗好的圆椒切小片；洗净的西红柿切瓣。

❷ 取玻璃碗，放入生粉、鸡蛋、盐，拌匀，制成蛋糊，将藕条放入碗中，拌至其均匀地滚上蛋糊。

❸ 热锅注油，放入藕条，搅匀，炸至金黄色，捞出炸好的材料，沥干油。

❹ 用油起锅，放入西红柿、圆椒片，炒至断生，加入番茄酱、白醋、白糖，炒匀，倒入藕条，炒入味，盛出菜肴，装盘即成。

豌豆炒牛肉粒

扫一扫看视频

材料：

牛肉 260 克，彩椒 20 克，豌豆 300 克，姜片少许

调料：

盐 2 克，鸡粉 2 克，料酒 3 毫升，食粉 2 克，水淀粉 10 毫升，食用油适量

小·贴士

牛肉含有蛋白质、维生素A、B族维生素、钙、磷、铁、钾、硒等营养成分，具有补中益气、滋养脾胃、强健筋骨、养肝明目、止渴止涎等功效。

做法：

❶ 将洗净的彩椒切丁；洗好的牛肉切粒，装入碗中，加入盐、料酒、食粉、水淀粉、食用油，拌匀，腌渍 15 分钟，至其入味。

❷ 锅中注入清水烧开，放入豌豆、盐、食用油，拌匀，煮 1 分钟，倒入彩椒，拌匀，煮至断生，捞出焯煮好的食材，沥干水分。

❸ 热锅注油，烧至四成热，倒入腌好的牛肉，拌匀，捞出，沥干油。

❹ 用油起锅，放入姜片、牛肉、料酒，炒香，倒入焯过水的食材，炒匀，加入盐、鸡粉、料酒、水淀粉，炒匀，盛出菜肴即可。

材料：

牛肉 300 克，西蓝花 200 克，彩椒 120 克，姜片少许，竹签数支

调料：

盐 2 克，鸡粉 2 克，生抽 3 毫升，食粉 5 克，胡椒粉、水淀粉、白糖、食用油各适量

做法：

1. 洗好的彩椒切小块；洗净的西蓝花切小块；处理好的牛肉切片，拍几下，加盐、生抽、白糖、鸡粉、食粉、水淀粉、食用油，腌渍入味。

2. 锅中注水烧开，加入盐、鸡粉、食用油、彩椒、西蓝花，搅匀，煮约 1 分钟至其断生，捞出焯煮好的食材，沥干水分。

3. 起油锅，倒入牛肉，滑油至变色，捞出；取竹签，依次穿入彩椒、西蓝花、牛肉、姜片，做成数个牛肉串，摆放在盘中。

4. 煎锅上火烧热，倒入食用油、牛肉串、胡椒粉，煎至入味，取出牛肉串，摆放在盘中即可。

小·贴士

牛肉补脾胃、益气血、强筋骨，对虚损羸瘦、消渴、脾弱不运、水肿、久病体虚、面色萎黄、头晕目眩等病症有食疗作用。

五彩蔬菜牛肉串

扫一扫看视频

西红柿青椒炒茄子

扫一扫看视频

材料：

青茄子120克，西红柿95克，青椒20克，花椒、蒜末各少许

调料：

盐2克，白糖、鸡粉各3克，水淀粉、食用油各适量

做法：

❶ 青茄子切滚刀块；西红柿切小块；青椒切小块。

❷ 热锅注油，烧至三四成热，倒入茄子，中小火略炸；放入青椒块，炸出香味；一起捞出，沥干油。

❸ 用油起锅，下入花椒、蒜末，爆香；倒入炸过的食材、西红柿，炒出水分。

❹ 加入适量盐、白糖、鸡粉，炒匀调味，淋入水淀粉勾芡即成。

小·贴士

茄子含有膳食纤维、维生素P、镁、铁、锌、钾等营养成分，具有改善血液循环、预防血栓、增强免疫力等功效。

西葫芦炒肚片

扫一扫看视频

材料：

熟猪肚170克,西葫芦260克,彩椒30克,
姜片、蒜末、葱段各少许

调料：

盐2克,白糖2克,鸡粉2克,水淀粉5
毫升,料酒3毫升,食用油适量

 小贴士

猪肚含有蛋白质、维生素A、
维生素E、钙、钾、镁、铁
等营养成分,具有补虚损、
健脾胃等功效。

做法：

❶ 将洗净的西葫芦切
片；洗好的彩椒切
块；熟猪肚用斜刀
切片。

❷ 用油起锅，倒入姜
片、蒜末、葱段，
爆香，倒入猪肚，
炒匀。

❸ 加入料酒、彩椒，
炒香。

❹ 放入西葫芦，炒至
变软，加入盐、白
糖、鸡粉、水淀粉，
炒匀入味，盛出炒
好的菜肴即可。

西蓝花炒鸡脆骨

扫一扫看视频

材料：

鸡脆骨200克，西蓝花350克，大葱25克，红椒15克

调料：

盐3克，料酒4毫升，生抽3毫升，老抽3毫升，蚝油5克，鸡粉2克

 小·贴士

西蓝花含有膳食纤维、维生素C、胡萝卜素、钙、磷、铁、钾、锌等营养成分，具有增强肝脏的解毒能力、增强免疫力、防癌抗癌等功效。

做法：

❶ 洗净的西蓝花切小朵；洗好的大葱用斜刀切段；洗净的红椒去籽，切小块。

❷ 锅中注水烧开，加入盐、料酒、鸡脆骨，汆去血水，捞出；沸水锅中加入食用油、西蓝花，拌匀，煮约1分钟，捞出。

❸ 用油起锅，倒入红椒、大葱，爆香，放入鸡脆骨、生抽、老抽、料酒，炒香。

❹ 加入蚝油、盐、鸡粉、水淀粉，炒匀，取盘，摆放上焯好的西蓝花，再盛入锅中的材料即可。

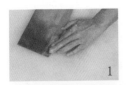

材料：

黄豆芽 100 克，虾仁 85 克，红椒丝、青椒丝、姜片各少许

调料：

盐 3 克，鸡粉 2 克，料酒 10 毫升，水淀粉、食用油各适量

做法：

❶ 洗净的虾仁由背部切开，去除虾线；洗好的黄豆芽切去根部。

❷ 把虾仁装入碗中，加入盐、料酒、水淀粉、食用油，拌匀，腌渍约 15 分钟至其入味。

❸ 用油起锅，放入虾仁、姜片，炒出香味。

❹ 加入红椒丝、青椒丝、黄豆芽，炒至食材变软，放入盐、鸡粉、料酒、水淀粉，炒至食材入味，盛出炒好的菜肴即可。

·小·贴士

虾仁含有蛋白质、维生素A、牛磺酸、钾、碘、镁、磷等营养成分，具有补肾壮阳、通络止痛、开胃化痰等功效。

虾仁炒豆芽

扫一扫看视频

香酥刀鱼

扫一扫看视频

材料：

刀鱼300克，鸡蛋1个，姜片、葱段各少许

调料：

盐3克，鸡粉2克，料酒、生抽、水淀粉各少许，生粉、胡椒粉、食用油各适量

做法：

❶ 刀鱼切上花刀；鸡蛋打开，取出蛋黄，放入碗中，加盐、料酒，打散，放入生粉，拌匀，制成蛋糊。

❷ 热锅注油，烧至五六成热，将刀鱼裹上蛋糊，放入油锅中，炸至金黄色，捞出。

❸ 油爆姜片、葱段，注入清水，加盐、鸡粉、生抽、料酒、胡椒粉，大火煮沸；放入刀鱼，盖上盖，小火焖约4分钟，盛出装盘待用。

❹ 锅中留汤汁烧热，淋入适量水淀粉，搅匀，盛出浇在鱼身上即可。

 小·贴士

秋刀鱼含有丰富的鱼油，这些鱼油可以很好的促进细胞发育，且富含丰富的DHA，帮助大脑发育。

杏鲍菇炒火腿肠

扫一扫看视频

材料：

杏鲍菇100克，火腿肠150克，红椒40克，姜片、葱段、蒜末各少许

调料：

蚝油7克，盐2克，鸡粉2克，料酒5毫升，水淀粉4毫升，食用油适量

·小·贴士

火腿肠含有蛋白质、维生素A、维生素D、维生素E、镁、铁、硒、锌等营养成分，具有健脑益智、消除水肿、稳定血压等功效。

做法：

❶ 洗好的杏鲍菇切薄片；火腿肠切薄片；洗净的红椒去籽，切小段。

❷ 锅中注入清水烧开，加入盐、鸡粉、食用油、杏鲍菇，拌匀，煮约半分钟至其断生，捞出，沥干水分。

❸ 用油起锅，倒入蒜末、姜片，爆香，放入火腿肠、杏鲍菇、红椒块，炒匀。

❹ 加入料酒、鸡粉、盐、蚝油、水淀粉，炒匀，放入葱段，炒出香味，将炒好的菜肴盛出，装入盘中即可。

猪头肉炒葫芦瓜

扫一扫看视频

材料：

卤猪头肉 200 克，葫芦瓜 500 克，红彩椒 10 克，蒜末少许

调料：

盐、鸡粉各 1 克，食用油适量

小·贴士

葫芦瓜富含膳食纤维、碳水化合物、维生素、矿物质等，具有清热利水、止渴、解毒的功效，对小儿腹胀、烦热口渴、肠炎、便秘等症有较好的食疗作用。

做法：

❶ 洗好的葫芦瓜去籽，切薄片；洗净的红彩椒切粗条；卤猪头肉切厚片。

❷ 用油起锅，倒入蒜末爆香，倒入猪头肉，炒匀。

❸ 放入切好的红彩椒，翻炒均匀。

❹ 倒入葫芦瓜，炒至断生，加入盐、鸡粉，炒匀至入味，盛出菜肴，装盘即可。

材料：

沙丁鱼 160 克，瘦肉末 50 克，彩椒 40 克，姜片、蒜末、葱花各少许

调料：

盐、鸡粉各 3 克，生粉 20 克，生抽 6 毫升，白糖 2 克，豆瓣酱、辣椒酱、水淀粉、食用油各适量

做法：

❶ 彩椒切粒；沙丁鱼装碗，加盐、鸡粉、生抽、生粉，腌渍 10 分钟。

❷ 热锅注油，烧至五成热，放入沙丁鱼，炸至鱼肉熟软，捞出，装盘待用。

❸ 锅底留油烧热，倒入肉末，炒至变色，加生抽，放入豆瓣酱，炒匀，倒入蒜末、姜片，炒香，撒上彩椒，炒匀。

❹ 注入清水，倒入辣椒酱，加盐、白糖、鸡粉，拌匀调味，用大火略煮；倒入水淀粉勾芡，调成味汁，浇在沙丁鱼上，点缀上葱花即可。

小·贴士

彩椒含有胡萝卜素、B 族维生素、维生素 C、纤维素、钙、磷、铁等营养成分，具有清热消暑、补血、促进血液循环等功效。

香酥浇汁鱼

扫一扫看视频

小炒刀豆

扫一扫看视频

材料：

刀豆 85 克，胡萝卜 65 克，豆瓣酱 15 克，蒜末少许

调料：

鸡粉、白糖各少许，水淀粉、食用油各适量

做法：

❶ 将去皮洗净的胡萝卜切段，再切菱形片；洗好的刀豆斜刀切段。

❷ 起油锅，撒上蒜末，爆香，放入豆瓣酱，炒出香辣味。

❸ 倒入备好的刀豆、胡萝卜、清水，炒一会儿，至食材熟软。

❹ 加入鸡粉、白糖、水淀粉，炒至食材入味，盛出炒好的菜肴，装在盘中即可。

 小·贴士

胡萝卜口感清甜，含有蔗糖、葡萄糖、淀粉、胡萝卜素及钾、钙、磷等营养元素，具有保护视力、强心、抗炎、抗过敏等功效。

孜然石斑鱼排

扫一扫看视频

材料：

石斑鱼肉 200 克，孜然 10 克，青椒、红椒、姜末、葱花、熟白芝麻各少许

调料：

盐 2 克，料酒 5 毫升，食用油适量

小·贴士

青椒具有温中下气、散寒除湿之功效，能增强人的体力，缓解因工作、生活压力造成的疲劳，增进食欲、帮助消化。

做法：

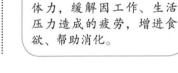

❶ 将洗净的青椒切粒；洗好的红椒切粒；洗净的石斑鱼肉去除鱼皮，切片，再依次切上花刀。

❷ 把鱼片放入碗中，加入盐、料酒、孜然，拌匀，腌渍约10分钟。

❸ 煎锅置火上，加入食用油、鱼片，铺平，煎约2分钟，至其两面焦黄。

❹ 放入姜末、红椒丁、青椒粒、孜然，煎一会儿，使鱼肉浸入孜然的香味，盛出鱼排，摆放在盘中，点缀上熟白芝麻和葱花即可。

白菜肉卷

扫一扫看视频

材料：

白菜叶 75 克，鸡蛋 1 个，肉末 85 克

调料：

盐 1 克，鸡粉 2 克，生抽 2 毫升，芝麻油、面粉各适量

小·贴士

猪肉含有蛋白质、B 族维生素、维生素 A、钙、磷、铁等营养成分，具有滋阴润燥、促进身体发育、补铁、健脾养胃等功效。

做法：

❶ 鸡蛋打入碗中，调匀，制成蛋液；锅中注入清水烧开，放入洗净的白菜叶，拌匀，煮至菜叶变软，捞出焯煮好的白菜叶。

❷ 取大碗，放入肉末、鸡粉、盐、生抽、蛋液、面粉、芝麻油，拌匀。

❸ 把白菜叶置于砧板上，铺开，放入馅料，将白菜叶卷起，包成白菜卷生坯，放入蒸盘中。

❹ 蒸锅上火烧开，放入蒸盘，蒸约 10 分钟，至其熟透，取出蒸盘，待稍微放凉后即可食用。

材料：

茄子 250 克，水发豌豆 100 克，火腿 100 克，水发香菇 90 克，葱花、蒜末各少许

调料：

盐 2 克，鸡粉 2 克，料酒 4 毫升，生抽 4 毫升，食用油适量

做法：

❶ 洗净的茄子切段；火腿切丁；泡发好的香菇切丁。

❷ 取碗，倒入火腿、香菇、水发豌豆、蒜末、盐、鸡粉、料酒，拌匀。

❸ 取盘，摆入茄条，倒入搅拌好的食材，蒸锅注入烧开，放入茄子盘，蒸 10 分钟至熟透，将菜取出，撒上葱花。

❹ 热锅注入食用油，烧至四五分热，将热油、生抽浇在茄子上，即可食用。

小·贴士

茄子含有蛋白质、维生素E、核酸、维生素C等成分，具有增强免疫力、祛风通络、凉血止血等功效。

葱香蒸茄子

扫一扫看视频

凉瓜海蜇丝

扫一扫看视频

材料：

水发海蜇丝 150 克，苦瓜 90 克，蒜末少许

调料：

盐、鸡粉各 2 克，白糖 3 克，陈醋 5 毫升，芝麻油 6 毫升

1

2

3

4

做法：

❶ 洗好的海蜇切段；洗净的苦瓜去瓤，切粗丝。

❷ 锅中注水烧开，倒入海蜇，略煮片刻，捞出海蜇，放入清水中。

❸ 沸水锅中倒入苦瓜，煮至断生，捞出，沥干水分。

❹ 取碗，倒入海蜇丝、苦瓜、盐、鸡粉、白糖、陈醋、芝麻油、蒜末，拌匀，至食材入味，将拌好的菜肴盛入盘中即可。

 小·贴士

苦瓜含有膳食纤维、胡萝卜素、维生素 C 及多种矿物质，具有降血糖、健脾开胃、滋润皮肤、止渴消暑等功效。

材料：

鸭胗250克，姜片、葱结各少许，卤水汁120毫升

调料：

盐3克，料酒4毫升

做法：

① 锅中注入清水烧开，放入鸭胗，煮去血渍，淋上料酒，氽煮一会儿，去除腥味，捞出，沥干水分。

② 锅置旺火上，加入卤水汁、清水，姜片、葱结、鸭胗、盐。

③ 盖盖，大火烧开后转小火卤约35分钟，至食材熟透。

④ 揭盖，捞出卤熟的鸭胗，放凉后切小片，摆放在盘中即可。

小·贴士

姜具有发汗解表、温中止呕、温肺止咳、解毒的功效，对外感风寒、胃寒呕吐、风寒咳嗽、腹痛、腹泻等病症有食疗作用。

卤水鸭胗

扫一扫看视频

青豆蒸肉饼

扫一扫看视频

材料：

青豆50克，猪肉末200克，葱花、枸杞各少许

调料：

盐、生粉各2克，鸡粉3克，料酒、蒸鱼豉油各适量

1

2

做法：

❶ 取碗，加入猪肉末、盐、鸡粉、料酒、清水、生粉，拌匀。

❷ 放入另一个大的容器里，沿着同一方向搅拌，放入葱花，拌匀，制成肉馅。

❸ 取盘，倒入青豆，摆放平整，将做好的肉饼平摊在青豆上，用勺子压实，蒸锅中注入适量清水烧开，放上青豆肉饼。

❹ 蒸20分钟至熟，取出蒸好的青豆肉饼，浇上蒸鱼豉油，用枸杞做点缀即可。

3

4

小·贴士

猪肉具有滋阴润燥、补虚养血的功效，对消渴、热病伤津、便秘、燥咳等病症有食疗作用。

清蒸冬瓜生鱼片

扫一扫看视频

材料：

冬瓜 400 克，生鱼 300 克，姜片、葱花各少许

调料：

盐 2 克，鸡粉 2 克，胡椒粉少许，生粉 10 克，芝麻油 2 毫升，蒸鱼豉油适量

😊 **小·贴士**

冬瓜含有膳食纤维、碳水化合物和多种维生素、矿物质，对小便不畅有很好的食疗作用。此外，冬瓜钾含量较高，是很好的排钠食物，对高血压有一定的食疗作用。

做法：

❶ 将洗净去皮的冬瓜切片；洗好的生鱼肉去骨，切片。

❷ 生鱼片装入碗中，加入盐、鸡粉、姜片、胡椒粉、生粉、芝麻油，拌匀，把鱼片摆入碗底，放上冬瓜片，再放上姜片。

❸ 将装有鱼片、冬瓜的碗放入烧开的蒸锅中，蒸 15 分钟至食材熟透。

❹ 取出蒸熟的食材，倒扣入盘里，揭开碗，撒上葱花，浇入蒸鱼豉油即成。

银鱼蒸藕

扫一扫看视频

材料：

莲藕 250 克，银鱼 30 克，瘦肉 100 克，葱丝、姜丝各少许

调料：

盐 2 克，料酒 5 毫升，水淀粉 5 毫升，生抽、食用油各适量

小·贴士

莲藕含有淀粉、B 族维生素、维生素 C 等成分，具有强壮筋骨、滋阴养血、利尿通便等功效。

做法：

1

❶ 将洗净去皮的莲藕切片；瘦肉切成丝。

2

❷ 肉丝装入碗中，加入盐、料酒、水淀粉、食用油，拌匀，腌渍制片刻。

3

❸ 将莲藕整齐摆在蒸盘上，依次放上肉丝、银鱼，蒸锅上火烧开，放入蒸盘。

4

❹ 蒸 10 分钟至熟透，将菜肴取出；热锅注油，在菜肴上摆上姜丝、葱丝，浇上热油，淋上生抽即可。

鱼香金针菇

扫一扫看视频

材料：

金针菇120克，胡萝卜150克，红椒30克，青椒30克，姜片、蒜末、葱段各少许

调料：

盐2克，鸡粉2克，豆瓣酱15克，白糖3克，陈醋10毫升，食用油适量

 小·贴士

金针菇含有B族维生素、维生素C、碳水化合物、胡萝卜素和多种矿物质、氨基酸等成分，具有利肝脏、增强免疫力、益肠胃、抗癌瘤等功效。

做法：

❶ 胡萝卜切成丝；青椒切成丝；红椒切成丝；金针菇切去老茎。

❷ 用油起锅，放入姜片、蒜末、胡萝卜丝，快速炒匀。

❸ 放入金针菇、青椒、红椒，炒匀。

❹ 加入适量豆瓣酱、盐、鸡粉、白糖，炒匀调味；淋入陈醋，快速翻炒至食材入味即可。

芋头扣肉

扫一扫看视频

材料：

五花肉 550 克，芋头 200 克，蜂蜜 10 克，八角、草果、桂皮、葱段、姜片各少许

调料：

盐 3 克，鸡粉少许，蚝油 7 克，生抽 4 毫升，料酒 8 毫升，老抽 20 毫升，水淀粉、食用油各适量

小·贴士

芋头含有膳食纤维、胡萝卜素、硫胺素、核黄素、尼克酸、钾、钠、钙、镁、铁、锰、锌、磷、硒等营养成分，具有开胃生津、消炎镇痛、补气益肾等功效。

做法：

❶ 锅中注水烧热，放入五花肉、料酒，煮至食材熟软，捞出；五花肉放凉后抹上老抽，淋上蜂蜜，腌渍一会；将去皮洗净的芋头切片。

❷ 热锅注油，倒入五花肉，炸约2分钟，捞出；油锅中放入芋头片，炸至食材断生，捞出；取放凉的五花肉，切成厚度均匀的片。

❸ 油爆姜片、葱段，放入八角、草果、桂皮、肉片、料酒、清水、蚝油、盐、鸡粉、生抽、老抽，拌匀，煮至食材入味，盛出。

❹ 取蒸碗，放入肉片和芋头片，浇上肉汤汁，入蒸锅蒸熟，取出装盘；锅置火上，注入汁水，加老抽、水淀粉，制成稠汁，浇在盘中即可。

蒸肉丸子

扫一扫看视频

材料：

土豆170克，肉末90克，蛋液少许

调料：

盐、鸡粉各2克，白糖6克，生粉适量，
芝麻油少许

 小·贴士

土豆含有蛋白质、淀粉、膳食纤维、维生素、钙、磷、铁等营养成分，具有健脾和胃、益气调中、通利大便等功效。

做法：

❶ 洗净去皮的土豆切开，再切片，装入盘中。

❷ 蒸锅上火烧开，放入土豆片，蒸约10分钟至土豆熟软，取出，放凉后压成泥。

❸ 取大碗，放入肉末、盐、鸡粉、白糖、蛋液、土豆泥、生粉，拌至起劲，取蒸盘，放上芝麻油，把拌好的土豆肉末泥捏成丸子。

❹ 放入蒸盘，蒸锅上火烧开，放入蒸盘，蒸约10分钟至食材熟透，取出蒸盘，待稍微放凉后即可食用。

清味莴笋丝

材料：

莴笋340克，红椒35克，蒜末少许

调料：

盐2克，鸡粉2克，白糖2克，生抽3毫升，
辣椒油、亚麻籽油各适量

小·贴士

莴笋有增进食欲、刺激消化
液分泌、促进胃肠蠕动等功
能，具有促进利尿、降低血
压、预防心律失常的作用。

做法：

❶ 洗净去皮的莴笋切
丝；洗净的红椒去
籽，切丝。

❷ 锅中注入清水烧
开，放入盐、亚麻
籽油、莴笋，拌匀，
略煮。

❸ 加入红椒，搅拌，
煮约1分钟至断
生，把煮好的莴
笋和红椒捞出，
沥干水分。

❹ 将莴笋和红椒装入
碗中，加入蒜末、
盐、鸡粉、白糖、
生抽、辣椒油、
亚麻籽油，拌匀，
将菜肴装盘即可。

材料：

鲇鱼块400克，酸菜70克，姜片、葱段、八角、蒜头各少许

调料：

盐3克，生抽9毫升，豆瓣酱8克，鸡粉4克，老抽1毫升，白糖2克，料酒4毫升，生粉12克，水淀粉、食用油各适量

做法：

❶ 洗好的酸菜切薄片；鲇鱼块装碗中，加入生抽、盐、鸡粉、料酒、生粉，拌匀，腌渍约10分钟，至其入味。

❷ 热锅注油，放入蒜头、鲇鱼块，搅散，煮约1分钟，至鱼肉六七成熟，捞出。

❸ 锅底留油烧热，倒入姜片、八角，爆香，放入酸菜、豆瓣酱、生抽、盐、鸡粉、白糖，炒匀。

❹ 加入清水、鲇鱼、老抽、水淀粉，炒片刻至食材入味，盛出菜肴，装入盘中，撒上葱段即可。

小·贴士

鲇鱼营养丰富，含有蛋白质和多种矿物质、维生素，具有滋阴养血、补中气、开胃消食、滋阴补阳等功效。

酸菜炖鲇鱼

扫一扫看视频

乌梅茶树菇炖鸭

扫一扫看视频

材料：

鸭肉 400 克，水发茶树菇 150 克，乌梅 15 克，八角、姜片、葱花各少许

调料：

料酒 4 毫升，鸡粉 2 克，盐 2 克，胡椒粉适量

做法：

❶ 洗好的茶树菇切去老茎。

❷ 锅中注入清水烧开，倒入鸭肉、料酒，煮沸，汆去血水，捞出汆煮好的鸭肉，沥干水分。

❸ 砂锅中注入清水烧开，倒入鸭肉、乌梅、姜片、茶树菇、料酒，拌匀，炖煮 1 小时至食材熟软。

❹ 放入鸡粉、盐、胡椒粉，拌匀，将煮好的汤料盛入汤碗中，撒入适量葱花即成。

 **小·贴士**

鸭肉含有蛋白质、脂肪、B 族维生素、维生素 A、磷、钾等营养成分，具有补肾、消水肿、止咳化痰等功效。

鲜虾豆腐煲

扫一扫看视频

材料：

豆腐 160 克，虾仁 65 克，上海青 85 克，咸肉 75 克，干贝 25 克，姜片、葱段各少许，高汤 350 毫升

调料：

盐 2 克，鸡粉少许，料酒 5 毫升

小·贴士

上海青含有粗纤维、胡萝卜素、维生素 B_2、维生素 C、钙、磷、铁等营养成分，具有改善便秘、保持血管弹性、增强免疫力等功效。

做法：

❶ 虾仁去虾线；上海青切开，再切小瓣；豆腐切小块；咸肉切薄片。

❷ 锅中注水烧开，倒入上海青，煮至断生，捞出；倒入咸肉片，淋入料酒，煮去多余盐分，捞出。

❸ 砂锅置火上，倒入高汤，放入干贝、肉片，撒上姜片、葱段，淋入料酒，烧开后用小火煮30分钟。

❹ 加盐、鸡粉调味；倒入虾仁，放入豆腐块，拌匀，盖上盖，小火续煮约10分钟；放入焯熟的上海青即可。

四季豆炖排骨

扫一扫看视频

材料：

排骨段260克，四季豆150克，彩椒30克，
八角、花椒、姜片、葱段各少许

调料：

盐、鸡粉各2克，料酒4毫升，生抽5毫升，
胡椒粉、水淀粉、食用油各适量

小·贴士

排骨有补脾润肠、生津液、丰机体、泽皮肤、补中益气、养血健骨的功效，能及时补充人体所必需的骨胶原等物质，增强骨髓造血功能，有助于骨骼的生长发育。

做法：

❶ 将洗净的彩椒切小块；洗好的四季豆切长段。

❷ 锅中注入清水烧开，倒入排骨、料酒，拌匀，氽去血水，捞出排骨，沥干水分。

❸ 用油起锅，放入姜片、葱段，爆香，加入排骨、料酒、生抽、八角、花椒、清水，炒匀，焖煮30分钟。

❹ 加入盐、生抽、四季豆，拌匀，续煮15分钟，放入彩椒、鸡粉、胡椒粉、水淀粉，炒匀，拣出八角，盛出菜肴即可。

猴头菇炖排骨

扫一扫看视频

材料：

排骨 350 克，水发猴头菇 70 克，姜片、葱花各少许

调料：

料酒 20 毫升，鸡粉 2 克，盐 2 克，胡椒粉适量

·小·贴士

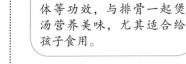

猴头菇有助消化、滋补身体等功效，与排骨一起煲汤营养美味，尤其适合给孩子食用。

做法：

❶ 洗好的猴头菇切小块。

❷ 锅中注入清水烧开，倒入排骨、料酒，拌匀，煮沸，汆去血水，把汆煮好的排骨捞出，沥干水分。

❸ 砂锅中注入清水烧开，倒入猴头菇、姜片、排骨、料酒，拌匀。

❹ 炖 1 小时，至食材酥软，加入鸡粉、盐、胡椒粉，拌匀，将煮好的汤料盛出，装入汤碗中，撒上葱花即可。

淡菜冬瓜汤

扫一扫看视频

材料：

水发淡菜70克，冬瓜400克，姜片、葱
花各少许

调料：

料酒8毫升，盐2克，鸡粉2克，胡椒粉、
食用油各适量

小·贴士

冬瓜含有膳食纤维、碳水
化合物和多种维生素、矿
物质，对于小便不畅有很
好的食疗作用。此外，冬
瓜钾含量较高，能为宝宝
积极补充钾元素。

做法：

❶ 洗净去皮的冬瓜切
成片，备用。

❷ 用油起锅，倒入
姜片，爆香，放
入洗好的淡菜，
翻炒片刻。

❸ 倒入切好的冬瓜
片、料酒，炒匀
提味。

❹ 加入清水，煮沸，
放入盐、鸡粉、胡
椒粉，拌至食材入
味，盛出煮好的
汤料，装入碗中，
撒上葱花即可。

材料：

鹅肉 500 克，茶树菇 90 克，蟹味菇 70 克，冬笋 80 克，姜片、葱花各少许

调料：

盐 2 克，鸡粉 2 克，料酒 20 毫升，胡椒粉、食用油各适量

做法：

❶ 洗好的茶树菇切去老茎，改切段；洗净的蟹味菇切去老茎；去皮洗好的冬笋切片，备用。

❷ 锅中注水烧开，倒入鹅肉，淋入适量料酒，汆去血水，捞出，沥干水分。

❸ 砂锅中注入适量清水烧开，倒入鹅肉、姜片，淋入适量料酒，烧开后转小火炖至鹅肉熟软。

❹ 倒入茶树菇、蟹味菇、冬笋片，搅拌片刻，用小火再炖至食材熟透；放入盐、鸡粉、胡椒粉，搅拌片刻，至食材入味即可。

小·贴士

鹅肉含有人体所需的多种氨基酸、维生素、微量元素及不饱和脂肪酸，并且脂肪含量很低，具有补阴益气、暖胃生津、降压降糖、祛风湿、延缓衰老等功效。

菌菇冬笋鹅肉汤

扫一扫看视频

莲藕菱角排骨汤

扫一扫看视频

材料：

排骨 300 克，莲藕 150 克，菱角 30 克，胡萝卜 80 克，姜片少许

调料：

盐 2 克，鸡粉 3 克，胡椒粉、料酒各适量

1

2

3

做法：

❶ 去壳洗好的菱角对半切开；洗净去皮的胡萝卜切滚刀块；洗好去皮的莲藕切滚刀块。

❷ 锅中注入清水烧开，倒入排骨块、料酒，略煮一会儿，汆去血水，捞出汆煮好的排骨，装盘。

❸ 砂锅中注入清水烧开，放入排骨、料酒，拌匀，煮 15 分钟，倒入莲藕、胡萝卜、菱角，拌匀，煮 5 分钟。

❹ 放入姜片，续煮 25 分钟至食材熟透，加入盐、鸡粉、胡椒粉，拌匀，盛出煮好的汤料，装入碗中即可。

4

 ·小·贴士·

莲藕含有膳食纤维、维生素 C、钙、铁等营养成分，具有益气补血、止血散瘀、健脾开胃等功效。

牛肉南瓜汤

扫一扫看视频

材料：

牛肉 120 克，南瓜 95 克，胡萝卜 70 克，洋葱 50 克，牛奶 100 毫升，高汤 800 毫升，黄油少许

小·贴士

牛肉含有蛋白质、牛磺酸、钙、铁、磷等营养成分，具有补中益气、滋养脾胃、强筋壮骨等功效。

做法：

❶ 洗净的洋葱切粒状；洗好去皮的胡萝卜切粒；洗净去皮的南瓜切小丁块；洗好的牛肉去除肉筋，切粒。

❷ 煎锅置于火上，倒入黄油，拌至其溶化，倒入牛肉，炒至其变色。

❸ 放入洋葱、南瓜、胡萝卜，炒至变软。

❹ 加入牛奶、高汤，拌匀，煮约 10 分钟至食材入味，盛出煮好的南瓜汤即可。